Peter Gitzinger · Linus Hoke · Roger Schmelzer

Das böse Buch fürs Büro

Peter Gitzinger · Linus Höke · Roger Schmelzer

DAS BÖSE BUCH FÜRS

BÜRO

Mit Illustrationen von Ari Plikat

Lappan

Schon in der Antike hatte man den Eindruck, dass das Leben eine verdammt komplizierte Sache ist und dabei alles Mögliche schief läuft. Deshalb verfiel man darauf, das Chaos zu ordnen – indem man LISTEN *schrieb,* MEMORANDEN *verfasste,* BEBAUUNGSPLÄNE *und* ARCHIVE *anlegte und* URKUNDEN *und notarielle* BEGLAUBIGUNGEN *ausstellte. Damit lief zwar genauso viel schief wie vorher, aber eine Menge Leute mussten nicht mehr auf schlammigen Feldern hinter einem Ochsen herstolpern, sondern saßen in einem gemütlichen Büro. Und so hatte der Siegeszug der Bürokratie begonnen, der bis heute andauert.* *

---

* Die Meister der Verwaltung waren die Römer. Wie gründlich sie arbeiteten, zeigt auch diese amtliche Liste, die im 1. Jahrhundert in der römischen Provinz Judäa angefertigt wurde:
„März 33 – Gekreuzigt: 3500,
davon: Verbrecher und Rebellen: 3499,
        Heilande und Erlöser: 1"

Lange Zeit war der Bürojob eine rein männliche Angelegenheit, kein Wunder – wurde er doch im MITTELALTER vor allem von MÖNCHEN ausgeübt. Ansonsten war alles im Großen und Ganzen genau wie heute – abgesehen natürlich von den Gehaltsverhandlungen: „2000 Jahre weniger Fegefeuer sind für Sie drin, Bruder Anastasius, mehr habe ich einfach nicht im Budget."

Das Zeitalter der INDUSTRIALISIERUNG allerdings brachte auch mehr und mehr Büroarbeit mit sich, und so reichten die Geistlichen allein nicht mehr aus – in der Folge stellte man immer mehr Sekretäre ein. Da Secretarius übersetzt Geheimschreiber bedeutet, beschäftigte man eine besonders verschwiegene und schweigsame, jeglichem Klatsch und Tratsch ganz und gar abgeneigte Bevölkerungsgruppe: FRAUEN. Dies

erwies sich als ein Glücksfall, denn
die Tätigkeit in der modernen
Bürowelt wurde zunehmend kompli-
zierter und die wenigen verbliebenen
Männer zeigten sich schnell
überfordert. Also sortierte
man sie aus und steckte sie
in abgesonderte Zimmer,
an denen man die Aufschrift
„ C H E F " anbrachte. Dort durften sie dann
nach Herzenslust herumschreien und telefo-
nieren, waren aber den Frauen bei ihrer Arbeit
nicht mehr im Weg.
So blieb es viele Jahre – bis Mary Quant
den M I N I R O C K erfand. Plötzlich
wurde die Büroarbeit auch für die Männer
wieder attraktiv. Diese eroberten bald
sogar die Herrschaft in den Büros, indem
sie eine teuflische Erfindung mitbrachten:

den C O M P U T E R. *Nun konnten sie nämlich Sätze wie folgende von sich geben: „Da ist ein Switch nicht kompatibel mit dem LLTD-Protokoll zur Topologieerkennung. Ist doch klar, dass du so nicht ins Netzwerk kommst, Mäuschen." Damit konnten sie die Frauen verwirren und sich selbst die leitenden Positionen sichern.*

Seitdem haben sich die Arbeitsvorgänge noch weiter kompliziert und in den Büros herrscht ein einziges großes Durcheinander. S E K R E T Ä R I N N E N *nennt man inzwischen Fachangestellte für Bürokommunikation, und Chefs sind heute nicht mehr einfach nur despotische Vorgesetzte, sondern oft auch Psychologen, Teamplayer und manchmal sogar Frauen.*

*Wer sich in der modernen Bürowelt gar nicht
mehr auskennt und diese Situation nicht mehr
erträgt, hat drei Möglichkeiten:*

a) durchdrehen,

*b) einen schriftlichen Antrag zum Besuch einer
   staatlich anerkannten Fortbildungsmaß-
   nahme in dreifacher Ausfertigung einreichen
   oder*

c) dieses Buch lesen.

INHALT

WAS DER CHEF WIRKLICH MEINT,

WENN ER SAGT ...

Die meisten Chefs sind sehr feinfühlige Menschen. Deshalb kleiden sie ihre Ansagen und ihre Kritik oft in Worte, die ihre Mitarbeiter nicht verletzen oder irritieren sollen. Damit Sie trotzdem verstehen, was der Chef Ihnen gerade mitgeteilt hat, haben wir ein kleines Kompendium für Sie zusammengestellt.

ZU SEINER „RECHTEN HAND":

„Können Sie mich vor dem Meeting noch mal briefen?"

„Ich habe vor zwei Minuten von meiner Sekretärin erfahren, dass ich einen Termin mit unserem wichtigsten Geschäftspartner habe. Leider war ich die komplette vorige Woche zum Golfen in Marbella und habe deshalb wie üblich nicht die geringste Ahnung, worum es in dem Gespräch überhaupt gehen soll. Außerdem fände ich es nützlich, wenn Sie mir stecken könnten, ob es sich bei unserem Geschäftspartner um den Mann in dem dunklen Nadelstreifenanzug handelt, und falls ja, wie sein Name lautet."

„Ich führe gerade ein Mitarbeitergespräch, ...“

„... und zwar mit meiner Lieblingsmitarbeitern
einer Telefonsex-Hotline. Deshalb möchte ich in
der nächsten halben Stunde nicht gestört werden.“

„Das muss in diesem Raum bleiben.“

„Ich finde diesen rassistischen, sexistischen und
chauvinistischen Witz, den ich gerade zum Besten
gegeben habe, absolut zum Brüllen, aber erzählen Sie ihn bitte nicht weiter, sonst kriegt unsere
Gleichstellungsbeauftragte, diese untervögelte
Gutmensch-Trulla, das bestimmt wieder in den
falschen Hals.“

„Wir haben hier ganz flache Hierarchien."

„Das heißt, ich bin der Chef, und wenn Sie den Ball hier nicht ganz flach halten, fliegen Sie hochkant raus."

„Bei dem Gehaltsgespräch werden wir uns schon einig, ..."

„... und zwar, indem Sie wie immer meine Bedingungen widerspruchslos akzeptieren: 200 Euro weniger im Monat, zwei Tage Jahresurlaub (nach vorheriger Genehmigung) und sofortiger Verlust des Arbeitsplatzes bei Krankheit."

WAS DIE KOLLEGEN WIRKLICH MEINEN,

Auch bei Ihren Kollegen kann es hilfreich sein zu wissen, dass sich hinter ganz normal klingenden Sätzen eine völlig andere Bedeutung verbergen kann ...

„Du kannst mich gerne in CC setzen."

„Ich werde mir weder die Mail, noch die darin ent-
haltenen Arbeitsanweisungen durchlesen. Wie auch?!
Ich habe mein Mailprogramm so voreingestellt, dass
alle Nachrichten, die als CC an mich versandt werden, direkt in den Papierkorb wandern."

„Morgen komme ich etwas später rein."

„Ich werde heute Abend in meine Stamm-Table-
dance-Bar gehen, mir dort 'ne amtliche Ladung
Koks reinziehen und mich dann mit ein paar Call-
girls so richtig volllaufen lassen. Deshalb musst
DU morgen die Powerpräsentation vor dem Groß-
kunden für mich übernehmen. Falls du es nicht
tust, stecke ich dem Chef, dass du neulich nicht
vier Wochen mit einem Bandscheibenvorfall in
der Klinik warst, sondern auf einem Komatrip am
Ballermann."

EIN KOLLEGE IN EINER KONFERENZ, AUF DIE FRAGE NACH SEINEM ZEITPLAN:

„Natürlich werde ich die Deadline einhalten."

„Das kann und werde ich niemals schaffen. Aber
wenn in zwei Wochen klar wird, dass wir die
Deadline doch nicht einhalten können, werde ich
die Schuld wie üblich irgendeinem jungen, uner-
fahrenen Mitarbeiter in die Schuhe schieben. Dass

er anschließend gefeuert wird, quittiere ich ihm gegenüber mit dem Spruch: ‚Das Leben geht weiter, du wirst deinen Weg machen.' Was bedeutet: Wenn du noch öfter beruflich mit so skrupellosen Intriganten wie mir zu tun hast, wird dein Weg sehr bald zu Ende sein. Und dein Leben auch."

„Ich hab da noch was in der Pipeline."

„Ich habe gar nichts. Weder in der Pipeline noch sonst wo. Aber durch diesen extrem cool vorgetragenen Spruch verschaffe ich mir kostbare Zeit, um mir auf die Schnelle irgendein hirnverbranntes und völlig nutzloses Konzeptpapier aus den Fingern zu saugen, das ich dann wie immer grafisch megamäßig aufdonnern und dem Chef dank meiner rhetorischen Brillanz als die größte Idee seit der Erfindung des Rades verkaufen werde."

DIE GRÖSSTEN Horror- VORSTELLUNGEN VON BÜROANGESTELLTEN

Die wenigsten empfinden Büroarbeit als durchgehend beglückend. Dennoch gibt es Situationen, die einem das Leben als Angestellte oder Angestellter in einem Büro noch qualvoller machen, als es ohnehin schon ist.

Sie werden befördert. Die gute Nachricht: Sie verdienen jetzt 200 Euro mehr im Monat. Die schlechte Nachricht: Sie zahlen dadurch 400 Euro mehr Steuern – und müssen deutlich mehr arbeiten.

Sie haben Geburtstag, und niemand in Ihrer Firma hat es bemerkt. Schlimmer ist nur eine

Vorstellung: Sie haben Geburtstag, und alle in Ihrer Firma haben es bemerkt. Jetzt kommen die Kollegen mit tollen Geschenken wie einer giftgrünen Kaffeetasse, auf der Ihr Vorname eingraviert ist, oder einem Billig-T-Shirt mit der Aufschrift „Bürohengst".

Sie haben sich selbst in Ihrer Bewerbung „hervorragende PC-Kenntnisse" attestiert. Schade nur, dass Ihr Chef Sie kurz darauf mit Ihrem Computer im Fahrstuhl Richtung Erdgeschoss antrifft, weil „dieser Netzwerkdingsda" Ihnen geraten hat, Sie sollen „den Rechner mal runterfahren".

Die neue Kollegin kümmert sich dermaßen rührend um die Bürobepflanzung, dass Sie nur noch mit einer Machete zu Ihrem Schreibtisch gelangen. Nachdem Sie sich endlich einen Weg durch das Dickicht gebahnt haben, türmt sich zu Ihrer Überraschung eine Wand von Zalando- und Amazon-Paketen vor Ihnen auf. Die Neue liebt offenbar nicht nur Pflanzen, sondern auch Versandartikel aus dem Internet.

Bei der Installation einer Gratis-Poker-App haben Sie sich einen netten Virus eingefangen, der den gesamten Datenbestand Ihrer Firma mit einem Click in die Steinzeit zurückbefördert. Was aber viel schlimmer ist: Sie verlieren beim Pokern mit einem Vierling den sicher geglaubten Pott gegen einen Straight Flush.

Sie begegnen beim Joggen im Stadtwald Ihrem Chef. Dumm nur, dass Sie jahrelang eine Querschnittslähmung vorgetäuscht haben, um auf dem Behindertenparkplatz Ihrer Firma parken zu können.

Ihr neuer Kollege treibt Sie mit Blöd-Sprüchen wie „Hallöchen, Popöchen", „Das kann ja Eiter werden" und „Bis baldo, Ronaldo" zur Weißglut. Das wäre gerade noch erträglich, wenn er zwischendurch nicht immer wieder aus seinen Lieblingsbüchern zitieren würde: *Best of Fips Asmussen* und *So lacht man in der DDR*.

Schlimm: Sie bleiben Freitag nach Dienstschluss im Fahrstuhl stecken. Noch schlimmer: zusammen mit einem hypochondrischen und von starken

Blähungen geplagten Kollegen, der jetzt das ganze Wochenende Zeit hat, Ihnen seine gesamte Krankengeschichte zu erzählen und nur eine Pause macht, um zwischendurch herzhaft in seinen Harzer Roller mit Zwiebeln zu beißen. Das Allerschlimmste: die beiden spirituell angehauchten Kolleginnen, die sich auch noch im Fahrstuhl befinden und die versuchen, durch das Abbrennen von Moschus-Räucherstäbchen und Absingen von lauten tibetischen 12-Ton-Gesängen den Fahrstuhl zum Weiterfahren zu bewegen.

SPEZIELL FÜR FRAUEN:

Sie wollen abnehmen, werden aber, seit Sie diesen Plan gefasst haben, von Ihrer dauerdiätenden Kollegin mit Gummibärchen überhäuft. Trotz dieses „Störfeuers" gelingt es Ihnen, sich wieder auf Ihr Wunschgewicht herunterzuhungern. Das Verhalten der Kollegin ändert sich schlagartig: Ab sofort überhäuft sie Sie nicht mehr mit Gummibärchen, sondern mit blankem Hass.

Sie leiden unter starkem Dünnpfiff. Als Sie aus der Kabine der Unisex-Toilette kommen, steht Ihr attraktiver Chef vor Ihnen. Da Sie leider die beiden einzigen Personen im Raum sind, kann kein Zweifel daran bestehen, wer für das bestialische Geruchsinferno und den daraus resultierenden akuten Brechreiz Ihres Vorgesetzten verantwortlich ist.

KÖRPERSPRACHE RICHTIG ENTSCHLÜSSELN

Viele von Ihnen kennen diese Situation: Sie müssen dringend mit Ihrem Chef reden, sind sich aber nicht sicher, ob Sie ihn gerade ansprechen können. Einige von Ihnen werden sich jetzt sagen: „Na und? Dann frag ich ihn einfach."

STOP! Machen Sie nicht denselben Fehler! Das Instrument der Frage stellt in einem modern geführten Bürobetrieb eine veraltete und völlig überflüssige Form der Kontaktaufnahme dar. Denn der Körper eines Vorgesetzten sendet unbewusst Signale aus, die seiner Umwelt – also auch Ihnen – klar zeigen, ob er im Augenblick zu einem Gespräch bereit ist oder nicht. Die folgende Auflistung soll helfen, die Körpersprache Ihres Chefs zuverlässig zu entschlüsseln.

- Ihr Chef sitzt minutenlang regungslos mit in den Händen vergrabenem Kopf an seinem Schreibtisch.
  BEDEUTUNG: *Ich denke gerade konzentriert nach. Nicht stören.*

- -

- Ihr Chef sitzt stundenlang regungslos mit in den Händen vergrabenem Kopf an seinem Schreibtisch.
  B E D E U T U N G : *Ich habe eine Herzattacke erlitten und kann mich nicht bewegen. Bitte Rettungswagen rufen.*

- -

- Ihr Chef hält einen Telefonhörer an sein Ohr.
  B E D E U T U N G : *Ich telefoniere gerade mit einem Geschäftspartner. Nicht stören.*

- Ihr Chef hält ein Handy an sein Ohr.
  BEDEUTUNG: *Ich telefoniere gerade mit meiner Frau. Bitte sofort (!) stören.*

- -

- Ihr Chef hält eine Fernbedienung an sein Ohr.
  BEDEUTUNG: *Ich tue nur so, als ob ich telefoniere, hab mich aber im Gerät vertan. Bitte tun Sie jetzt so, als hätten Sie meinen Irrtum nicht bemerkt, und stören mich nicht weiter.*

- -

- Ihr Chef hat eine Gabel in der Hand.
  BEDEUTUNG: *Ich esse gerade. Nicht stören.*

- -

- Ihr Chef hat eine Gabel im Ohr.
  BEDEUTUNG: *Ich hatte während des Essens einen Disput mit einem sizilianischen Geschäftspartner. Bitte Notarzt verständigen.*

- -

- Ihr Chef liegt zusammen mit seiner Sekretärin nackt auf dem Schreibtisch.
  BEDEUTUNG: *Ich habe zurzeit große Probleme mit meiner Frau. Bitte haben Sie Verständnis, dass ich meinem Privatleben deshalb Priorität einräumen muss.*

- -

- Ihr Chef liegt zusammen mit seinem Sekretär nackt auf dem Schreibtisch.

  B E D E U T U N G : *Ich habe zurzeit große Probleme mit Frauen. Bitte haben Sie Verständnis, dass ich meinem Privatleben deshalb Priorität einräumen muss.*

- Ihr Chef liegt zusammen mit einem Schaf nackt auf dem Schreibtisch.

  B E D E U T U N G : *Ich habe zurzeit große Probleme mit Menschen. Bitte haben Sie Verständnis, dass ich meinem Privatleben deshalb Priorität einräumen muss. Und dass ich Sie nicht mehr lebend aus meinem Büro lassen kann.*

- Ihr Chef hält sich eine Pistole an die Stirn.

  B E D E U T U N G : *Ich habe soeben den Quartalsabschluss gelesen und bin gerade dabei, ihn zu realisieren. Im Augenblick kann ich deshalb nicht für Sie da sein, aber versuchen Sie es doch in zwei Minuten noch einmal. Dann hab ich alle Zeit der Welt für Sie.*

- Ihr Chef hängt an einem Hanfseil in seinem Büro.

  B E D E U T U N G : *Ich bin nicht nur zu blöd, eine Firma zu führen, ich bin auch noch zu blöd, mit einer Pistole umzugehen.*

TELEFONIEREN
FÜR FORTGESCHRITTENE

▮▮▮▮▮▮▮▮▮▮▮▮▮▮▮▮▮▮▮▮▮▮▮▮▮▮▮

Sie haben Jahre gebraucht, um aus Ihrem Büro eine Insel der Glückseligkeit zu machen. Einen Ort der Ruhe und Harmonie, den Sie nur zu gerne aufsuchen, um sich vom stressigen und kräftezehrenden Wochenende zu erholen. Das, was Sie hier am wenigsten gebrauchen können, sind Eindringlinge. Vor allem solche, die von Ihnen etwas verlangen, das im schlimmsten Fall sogar noch eine lästige und für diesen Ort völlig unpassende Tätigkeit nach sich zieht: Arbeit. Dass sich eine Bürotür abschließen lässt, wissen Sie wahrscheinlich seit Ihrem ersten Arbeitstag. Aber was tun, wenn der störende Kontaktversuch mittels Telefon geschieht?

Büroneulinge würden nun einfach den Stecker aus der Dose ziehen. Doch Vorsicht: Sie müssen in Ihrem Job jederzeit für wirklich wichtige Telefonate erreichbar sein! Das Absprechen des Wocheneinkaufszettels, die Urlaubs- oder Familienplanung, das geliebte Fernschach mit dem Schwager in Buenos Aires, dies alles würde Ihnen durch das unbedachte Kappen der Telefonleitung verloren gehen!

Aber es gibt einen Ausweg aus der Bredouille. Beherzigen Sie einfach folgende Tipps, und lernen Sie, durch eine routinierte und zweckorientierte

Gesprächsführung jeden potenziellen Störenfried für immer aus der Leitung zu verbannen.

1 Melden Sie sich niemals (!) verständlich am Telefon. Der Anrufer darf Sie unter keinen Umständen identifizieren können. Sprechen Sie Ihren Namen so undeutlich aus, dass man ihn nicht versteht. Üben Sie dies mit einem Karamellbonbon im Mund! Falls im Notfall keins zur Hand ist, halten Sie immer eine Packung Kaugummis griffbereit, aus der Sie sich bedienen können, bevor Sie den Hörer abnehmen. Sollte der Anrufer die Unverfrorenheit besitzen, nach Ihrem Namen zu fragen, wiederholen Sie den unaussprechlichen Buchstabensalat mit deutlich gereizter Stimme. Damit machen Sie gleichzeitig klar, wer im nun folgenden Gespräch die Hosen anhat.

2 Lassen Sie jetzt den Anrufer sein Anliegen detailliert vorbringen. Während Ihr Gegenüber redet, nutzen Sie die Zeit sinnvoll, indem Sie sich einen Kaffee holen. Der muss übrigens nicht zwingend aus der Bürokaffeemaschine stammen. Was spricht gegen einen kurzen Spaziergang zu *Starbucks* oder eine kleine Fahrt in ein Wiener Kaffeehaus? Hat der Gesprächspartner nach Ihrer Rückkehr seine Wünsche komplett vorgebracht, überraschen Sie ihn mit der Aussage, dass er bei Ihnen komplett falsch ist.

3 Falls der Anrufer wissen möchte, wer für ihn zuständig ist, wählen Sie einen Fantasienamen. Diesen können Sie sogar verständlich ausssprechen, aber nur (!), wenn Sie den Zusatz anfügen, dass der besagte Kollege für die nächsten sechs Monate wegen Überarbeitung krankgeschrieben ist.

Bleibt der Telefonterrorist wider Erwarten hartnäckig und fragt nach einer Vertretung für den erkrankten Kollegen, zünden Sie Stufe zwei Ihrer Anti-Terror-Maßnahme. Versprechen Sie nachzusehen, wer die Vertretung hat. Legen Sie nun den Hörer zur Seite. Zeit für eine zweite Kaffeepause. Nach gut 20 Minuten verblüffen Sie Ihren Anrufer mit der Aussage, dass Sie tatsächlich eine für sein Anliegen zuständige Vertretung gefunden haben. Äußern Sie nun erneut einen Fantasienamen, diesmal allerdings wieder unter Zuhilfenahme eines Karamellbonbons. Lassen Sie anschließend unmissverständlich durchblicken, was es für eine unglaubliche Mühe gekostet hat, den Namen zu recherchieren.

4 Mit großer Wahrscheinlichkeit wird Ihr Gesprächspartner spätestens jetzt die dreiste Frage an Sie richten, ob Sie ihn direkt weiterverbinden können.

Gehen Sie zum Schein darauf ein, aber lassen Sie Ihr Gegenüber wissen, dass dies eine exorbitant große Ausnahme darstellt und Sie nur deshalb dazu bereit sind, weil Sie heute Geburtstag und in der Erwartung vieler Geschenke gute Laune haben, die sich je nach Anzahl und Wert der Präsente auch noch beträchtlich steigern ließe. Flechten Sie dabei unauffällig Ihre Kontonummer in das Gespräch ein.

Verbinden Sie den Anrufer nun weiter, indem Sie eine beliebige ausländische Nummer wählen. Schalten Sie den Apparat auf Dreierkonferenz, und weiden Sie sich an den verzweifelten Versuchen Ihres Störenfrieds, sein Anliegen einem nordkoreanischen Reisbauern verständlich zu machen.

VARIATION: Schalten Sie auf laut, und lassen Sie Ihre Kollegen an der unterhaltsamen Vorstellung teilhaben. Sie werden sehen, wie beliebt Sie in kurzer Zeit sein werden!

5 Kurz bevor der Anrufer einen Weinkrampf bekommt, trennen Sie die Verbindung ins Ausland und fragen nach, ob ihm geholfen werden konnte. Aufgrund des übermenschlichen Einsatzes, den Sie für die Vermittlung des richtigen Ansprechpartners an den Tag gelegt haben (hier noch mal Ihre Kontonummer angeben!),

wird der Anrufer sich nicht trauen, Ihre Frage zu verneinen.

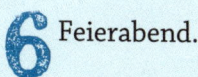 **6** Feierabend.

Alternative für künstlerisch Begabte:

DER GEMISCHTE WARTESCHLEIFENCHOR

Wenn Ihr Telefon klingelt, bitten Sie Ihre Kollegen, sich im Halbkreis um den Apparat zu versammeln. Heben Sie ab und sagen Sie zunächst mit monotoner Stimme: „Alle Mitarbeiter sind im Augenblick im Gespräch. Sie werden auf den nächst freien Platz geschaltet." Dann kommt der Teil, der Spaß macht. Summen Sie zusammen mit Ihren Kollegen eine zuvor einstudierte Melodie. Beethovens *Für Elise*, der Easy-Listening-Schlager *Charmaine*, aber auch der Number-One-Hit unter den Warteschleifenmelodien *The Girl From Ipanema* eignen sich hierzu hervorragend. Sollten Sie und Ihre Kollegen bereits über genug Übung verfügen, können Sie auch gerne Wagners *Ring der Nibelungen* zu Gehör bringen. Und zwar alle drei Teile.

Derart geführte Telefonate können große Freude in den beruflichen Alltag bringen, und vielleicht werden Sie es sogar bedauern, wenn nach kurzer Zeit die unterhaltsamen Anrufe ausbleiben. Aber hier müssen Sie Prioritäten setzen. Schließlich sind Sie nicht zum Spaß im Büro.

Erschütternd: 1,6 von 100.000 Büroangestellten werden Opfer eines tödlichen Unfalls am Arbeitsplatz. Überraschend: **9 5 P R O Z E N T** der Unfälle betreffen Männer. Die häufigsten Gründe: 1) Einnahme von libidosteigernden Mitteln mit dem Ziel: Sex am Arbeitsplatz. Todesursache bei Erfolg: Herzinfarkt nach Überanstrengung. 2) Einnahme von libidosteigernden Mitteln mit

dem Ziel: Sex am Arbeitsplatz. Todesursache bei Misserfolg: Unglücklicher Sturz in den 12-cm-Stiletto-Absatz einer vom penetranten Anbaggern bis aufs Blut gereizten Kollegin.

Extrem erhellend: Forscher des Max-Planck-Instituts fanden in einer jahrelangen Studie heraus, dass Beschäftigte mit Hochschulabschluss (4   P R O Z E N T) seltener Niedriglöhne bekommen als Beschäftigte ohne *jeglichen* Schulabschluss (3 0   P R O Z E N T) – eine wissenschaftliche Sensation! Dieselben Forscher haben übrigens herausgefunden, dass Vorstände von DAX-Unternehmen (8 6   P R O Z E N T) häufiger 10 Millionen Euro pro Jahr verdienen als Hartz-IV-Empfänger (0 , 0 0 0 1   P R O Z E N T = „Florida-Rolf") und Mitglieder eines Swingerclubs (84-mal/Jahr) häufiger einen flotten Dreier genießen als ein durchschnittlicher katholischer Priester (22-mal/Jahr).

Enttäuschend: Der Anteil der weiblichen Angestellten, die abends noch im Büro arbeiten, ist von 1 2   P R O - Z E N T (1992) auf 8 9   P R O Z E N T (2014) gestiegen. Der Grund: Immer mehr emanzipierte Männer wollen nach 20 Uhr mit ihrer Partnerin Beziehungsgespräche führen. Deswegen arbeiten auch zunehmend mehr Frauen an sämtlichen Wochenenden und Feiertagen (8 1   P R O Z E N T).

Erfreulich: In einer Umfrage gaben 8 7 P R O Z E N T der Angestellten an, noch nie einen Kollegen gemobbt zu haben. 9 9 P R O Z E N T der Befragten erklärten zudem, in Umfragen notorisch zu lügen.

‐ ‐

Erstaunlich: Rund 1 0 P R O Z E N T der Erwerbstätigen in Deutschland sind seit mindestens zwanzig Jahren beim selben Arbeitgeber beschäftigt. Die anderen 9 0 P R O Z E N T sind keine Beamten.

‐ ‐

Erschreckend: 2 1 P R O Z E N T der Angestellten in Deutschland sind befristet beschäftigt, davon 4 6 P R O Z E N T unfreiwillig. Noch erschreckender: Knapp 1 0 0 P R O Z E N T der Angestellten in Deutschland arbeiten unfreiwillig.

‐ ‐

Empörend: Fast 1 0 P R O Z E N T der Angestellten in Deutschland werden am Arbeitsplatz diskriminiert. Der häufigste Grund: die ethnische Zugehörigkeit („Der Saarländer an sich schnackselt gern ..."), danach: das Alter („Sorry, aber mit 21 sind Sie einfach zu alt für den Job als Sekretärin") und an dritter Stelle das Geschlecht („Sie wollen Sex mit mir, Kollege Saltzmann??? Ich bitte Sie! Jede Frau in unserer Firma weiß, dass selbst eine gepulte Nordseekrabbe größer ist als Ihr Pillermann ... Und schöner ... Und besser riecht")

‐ ‐

DIE BERÜHMTESTEN BÜROS DER WELT

Büros sind Orte, die sich mehr oder minder gleichen und in denen sich die mehr oder minder gleich langweiligen Dinge abspielen. So weit das Klischee. In Wirklichkeit sind Büros völlig unterschiedliche Orte, an denen sich sehr aufregende Dinge abspielen und von denen einige sogar zu Legenden geworden sind. Hier eine kleine Auswahl:

Das OVAL OFFICE ist das Büro des Präsidenten der Vereinigten Staaten von Amerika. Es befindet sich im *West Wing* (Westflügel) des Weißen Hauses, der seit der Clinton-Ära und aufgrund der Vorliebe des Präsidenten für junge Praktikantinnen auch *Chicken Wing* genannt wird. Damals erhielt auch der Satz „Das Oval Office hat schon viele Präsidenten kommen sehen" eine völlig neue Bedeutung.

— — —

Das BÜRO VON PHILIP MARLOWE. In diesem schmucklosen und dank dauerhaft heruntergezogener Rollos in ewiges Dämmerlicht gehüllten Raum ließ der mutmaßlich berühmteste Privatdetektiv der Welt seine unnachahmlich coolen Sätze vom Stapel ("Ich goss mir so viel ein, bis mein Drink ein Drink war"). Marlowe war nicht nur ein Schluckspecht vor dem Herrn, er quarzte auch, was das Zeug hielt, weshalb immer dicke Rauchschwaden über seinem Schreibtisch hingen. Als der „Helmut Schmidt von L. A." zum ersten Mal sein Fenster zum Lüften öffnete, wurde er von dem Besitzer des benachbarten Kohlekraftwerks wegen Umweltverschmutzung angezeigt.

— — —

Das **BÜRO VON ANGELA MERKEL** im Kanzleramt. Im Büro des Bundeskanzlers werden traditionell wichtige Entscheidungen getroffen. Angela Merkel hat diese unsinnige Tradition abgeschafft. Seitdem wird das Büro der „Sphinx aus der Uckermark" als Testlabor für das Aussitzen-von-Problemen-unter-extremen-Bedingungen genutzt.

— — —

BÜRO KRATIE, Spitzname für den Amtssitz der Europäischen Kommission in Brüssel.

— — —

Das **FEDERAL BUREAU OF INVES-TIGATION**, kurz FBI, gilt aufgrund seiner 457 nationalen Außenstellen und 70 Auslandsvertretungen als das unübersichtlichste Büro der Welt. Im Laufe der Jahre haben sich in den weitverzweigten Räumlichkeiten Heerscharen von Büroboten bei der Postzustellung verirrt und wurden nie wieder gefunden. Der bekannteste Büroleiter des FBI war dessen Gründer J. Edgar Hoover, der sich neben seiner aufreibenden Tätigkeit als obsessiver Kommunistenjäger auch als Erfinder des Staubsaugers, Entdecker des Paarhoovers und Erzeuger eines schmackhaften Rieslingweines (Mosel-Saar-Hoover) einen Namen gemacht hat.

— — —

GOETHES ARBEITSZIMMER. In seinem bis heute nahezu unveränderten Büro in einer Weimarer Nobelimmobilie hat der „Geheimrat" viele seiner berühmten Werke verfasst. Die Wände des Zimmers sind in einem sanften Türkis gestrichen, weil diese Farbe laut Goethe den Schreibenden zum intensiven Arbeiten animiert. Dies erklärt auch, warum sich in keiner Stadtverwaltung der Welt ein türkisfarbenes Büro befindet.

— — —

Der **FÜHRERBUNKER** gilt als Prototyp des Großraumbüros: Viele Angestellte befinden sich in

einem großen Raum mit sehr engen Arbeitsparzellen, stickiger Luft und wenig Tageslicht. Dies, und der eher autoritäre Führungsstil ihres Chefs, führte bei zahlreichen Mitarbeitern zu depressiven Verstimmungen. Trotz dieses ungesunden Arbeitsklimas gab es kaum Kündigungen unter den Mitarbeitern. Der Grund: Bei keinem anderen Arbeitgeber bekam man Verträge, die über 1000 Jahre liefen.

— — —

Das **POLITBÜRO** ist streng genommen gar kein Büro, sondern das höchste Führungsgremium kommunistischer Parteien (SED, KPD, AfD). De facto handelt es sich um eine Ansammlung dementer Greise, die unverständliches Zeug vor sich hinsabbern, von ihren ultraorthodoxen Überzeugungen keinen Millimeter abweichen und deshalb völlig weltfremde Entscheidungen treffen. Katholiken kennen eine solche Zusammenkunft auch unter dem Namen „Konklave".

KLEINE GESCHICHTE DER BÜROARBEIT

Büros und Büroarbeit sind weitaus älter als bisher angenommen. Dies belegen in der berühmten El-Castillo-Höhle gefundene Höhlenmalereien, die sich zur Verblüffung der Forscher als eine Art Vorläufer des modernen Bürospruchs herausstellten. Wandbilder des Inhalts *Unser Chef ist ein Tierfreund. Täglich macht er uns zur Ur-Sau* und andere Funde machten es den Wissenschaftlern möglich, den Büroalltag von vor 40.000 Jahren zu rekonstruieren.

Arbeitszeit: Da man zur Zeit des Cro-Magnon-Menschen keine Uhren, geschweige denn Stechuhren kannte, arbeitete man von Sonnenaufgang bis Sonnenuntergang. Diese Praxis sorgte in den nördlichen Regionen der Erde besonders im Sommer mit seinen langen Tagen für einigen Unmut. Die Bildung einer Gewerkschaft mit dem Ziel, die 75-Stunden-Woche einzuführen, scheiterte nur an der Tatsache, dass keiner wusste, wie lang so eine Stunde eigentlich ist.

Pausenregelung: Gab es. Man durfte eine Pause machen, wenn man etwas essen wollte. Da die 5-Minuten-Terrine noch unbekannt war, konnte es allerdings sein, dass sich die Mittagspause über eine Woche erstreckte – die Zeit, die man benötigte, bis man ein Mammut gefunden, erlegt, zerlegt, mit heißem Wasser aufgekocht und verspeist hatte. (Die sogenannte 7-Tage-Terrine.)

Arbeitsmittel: Papier war noch unbekannt. (Deswegen können wir hier zu Recht vom ersten, gleichzeitig wohl aber auch letzten papierlosen Büro sprechen.) Man schrieb, indem man mit dem Faustkeil Striche in Steinplatten ritzte. Auch zum Lochen der Unterlagen benutzte man einen Faustkeil und für alle anderen Bürotätigkeiten einschließlich Nägel feilen und Lidstrich nachziehen ebenfalls. Man kann sagen, dass der Faustkeil eine Art Universalarbeitsgerät fürs Büro war – wenn man so will, eine Art Vorläufer des Personal Computers*. Mit einem Unterschied: Im Gegensatz zum heutigen PC eignete sich der damalige Faustkeil

---

* Diese Annahme wird auch durch die Tatsache unterstützt, dass man auf einem Faustkeil aus der Cro-Magnon-Zeit die Buchstaben IBM fand.

auch als hübsches Mitbringsel für die neue Kollegin. Und: Man konnte mit ihm Forderungen gegenüber dem Chef mehr Nachdruck verleihen.

Arbeitskleidung: Keine besondere. In der Regel trug man im Büro Tierfelle. Ausnahme: freitags. Da arbeitete man nackt (Casual Friday!). Deswegen war auch der Trick, bei Stress mit dem Chef sich diesen nackt vorzustellen, nicht sonderlich verbreitet. In stressigen Situationen mit dem Vorgesetzten benutzte man sowieso lieber den Faustkeil.

Interessant: Einziger Zweck der damaligen Büroarbeit bestand in der Verwaltung von zwei Punkten.

1. Wer war wann für wie viele Tage in der Mittagspause?
2. Wer hat dem Chef mit dem Faustkeil eins übergebraten?

Man verwaltete sich also primär selbst. Damit unterschied sich die damalige Büroform nur marginal von der einer modernen Stadtverwaltung.

Erst 35.000 Jahre später kam im alten Ägypten ein weiterer Zweck hinzu: die Lohnbuchhaltung. Der Bau der Pyramiden machte es notwendig, dafür Sorge zu tragen, dass jeder Arbeiter für dieselbe Arbeit auch denselben Lohn erhielt: 45 Peitschenhiebe die Stunde, zuzüglich einer Schlechtwetterzulage von fünf Hieben. Festgehalten wurde das Ganze bereits auf einer Art Papier. Benutzt wurden dazu Schreibsklaven, die man bei Funktionsstörungen sogar schon neu starten konnte – ebenfalls mit Peitschenhieben. Der Verwaltungsaufwand war so enorm, dass man neben den als Grabmal geplanten eigentlichen Pyramiden – Bauten

mit einer Grundfläche von jeweils vier Quadratme-
tern – ein gigantisches Verwaltungsgebäude aus dem
Boden stampfte, heute bekannt als Cheops-Pyramide.
Die Chepren- und Mykerinos-Pyramiden wurden
kurz darauf errichtet und eilig ihrer Bestimmung als
Aktenarchiv und Betriebskantine übergeben.

Die Kommunikation in diesem gigantischen Ver-
waltungsapparat funktionierte bereits ähnlich der
heutigen E-Mail. Ein Schreibsklave schrieb die zu
übermittelnde Information auf, ein zweiter Sklave
nahm das Papier in Empfang und erhielt von einem
dritten Sklaven den Senden-Befehl in Gestalt eines
Peitschenhiebs. Beim Empfänger angelangt, wurde
der zweite Sklave dann getötet. Datenschutz war
schon damals ein Thema.

Um Ressourcen zu schonen, erfand man später ein
weniger personalverschleißendes Kommunikations-
mittel: die Rohrpost. Jedoch ließ der gewünschte
Effekt zunächst zu wünschen übrig, da man anfangs
die Post noch zusammen mit dem Büroboten in die
Rohre presste.

Trotzdem ließ die weitere technische Entwicklung
nicht lange auf sich warten, und einige Erfindungen
brachten sogar Erleichterung in den kräftezehrenden
Büroalltag. In chronologischer Reihenfolge waren dies:

1. Schreibmaschine (1714),
2. Schreibmaschine, die dank eines eingebauten
   Farbbandes auch tatsächlich funktioniert (1866),
3. Spezialmittel, um die Finger vom Wechseln des
   Farbbandes wieder zu säubern (1875),

4. Telefon (12. August 1876),
5. Telefonsex (13. August 1876),
6. Fotokopierer (1937),
7. Spezialmittel, um die Finger vom Wechseln der Tonerkartusche wieder zu säubern (1953),
8. Kaffeevollautomat (1962),
9. Spezialmittel, um die Finger vom Reinigen des Kaffeevollautomaten wieder zu säubern (1966),
10. Kakteenart, die ohne Wasser jahrelang überleben kann (1975),
11. Elektronische Datenverarbeitung (1980),
12. Bedienungsanleitung für die elektronische Datenverarbeitung (1985),
13. Verständliche Bedienungsanleitung für die elektronische Datenverarbeitung (bis heute nicht abgeschlossen).

Trotz des unleugbaren Nutzens dieser Erfindungen sind sich die Experten einig: Keine beeinflusste die Büroarbeit so stark wie eine von Microsoft 1991 zusammen mit dem Betriebssystem Windows 3.0 eingeführte, revolutionäre Software: Solitär.

Danke, Bill!

SÄTZE, DIE SIE IM BÜRO NIEMALS HÖREN WERDEN …

••• von **Ihrem IT-Mitarbeiter**:

> „Ich werde den Netzwerkfehler
> noch heute beheben."

••• von **einem Kunden**:

> „Es tut mir leid, aber ich wusste nicht,
> dass Sie in fünf Minuten Feierabend
> haben. Deswegen werde ich morgen gerne
> noch einmal früher vorbeischauen, um
> Ihnen mein Anliegen zu erklären."

••• von **Ihrer Kollegin**:

> „Ich werde ab morgen nicht mehr einen
> halben Liter Chanel No. 5 auftragen,
> bevor ich ins Büro komme."

••• von **Ihrem Kollegen**:

> „Ich werde mich ab morgen waschen,
> bevor ich ins Büro komme."

••• von **einem Handwerker**:

> „Es leuchtet mir völlig ein, dass die Arbeit
> mit einem Bohrhammer Ihre Konzentration
> stört. Ich werde deshalb selbstverständlich
> erst nach Ihrer Arbeitszeit mit dem
> Aufstemmen der Wand fortfahren."

••• von Ihrem Chef:

   ❞ Was halten Sie davon, die tägliche Arbeitszeit auf vier Stunden zu reduzieren? Natürlich inklusive Pause und fürs selbe Geld. ❝

••• vom Hausmeister des Bürogebäudes:

   ❞ Selbstverständlich werde ich schon im September die Zentralheizung einschalten. Temperaturen unterhalb von sechs Grad sind einfach unzumutbar. ❝

••• von Ihrem Vorgesetzen, der auf Ihren Monitor blickt:

   ❞ Tolle Leistung! Ein Score von 25.687 Punkten! So viel möchte ich auch mal beim Solitär haben! ❝

••• von **irgendjemandem**:

> Dieser Spruch, den Sie da an der Wand hängen haben … *Papiertaschentücher sind im Büro verboten. Warum? Weil da Tempo draufsteht.* Das ist mit Abstand das Allerallerallerwitzigste, was ich je gelesen habe! Ich hau mich weg! "

••• von **Ihrem Kollegen, der gerade aus der Mittagspause kommt**:

> Du, heute gibt's in der Kantine Bretonischen Hummer mit Spargelflan an Estragonbutter, danach Seeteufelmedaillons mit Fenchel, Artischocken und hausgemachten Kräutergnocchi und als Dessert Schoko-Chili-Crème Brûlée an Sorbet von der Passionsfrucht mit Limonen-Quark-Mousse. "

••• als **Paketbote, der mit einer Lieferung im sechsten Stock steht**:

> Ich habe vollstes Verständnis dafür, dass Sie keine Lust haben, Ihre Pakete wieder mitzunehmen, bloß weil ich nicht befugt bin, den Empfang zu quittieren. Deswegen werde ich für Sie die 200 Kartons Kopierpapier wieder herunterschleppen und in Ihrem Wagen verstauen. "

SIND SIE GUT IM MOBBING?

In der modernen Arbeitswelt gilt es nicht mehr nur, betriebswirtschaftliche Grundlagen und Datenverarbeitung zu beherrschen. Ebenso sollte man die wichtigsten Kernkompetenzen im Bereich der sogenannten *Soft Skills* im Repertoire haben. Zu diesen gehören Menschenkenntnis, Kommunikationsfähigkeit und vor allem Mobbing.

Mobben auf hohem Niveau beinhaltet mehr als bloßes Wegekeln, Niederreden und Verleumden. Wie weit fortgeschritten sind Sie in dieser Kunst? Unser Test bietet Ihnen die Möglichkeit, sich selbst zu überprüfen.

FRAGE 1: *Sie treffen den Kollegen Saltzmann (unsicher, unbeliebt, ein ideales Mobbingopfer) auf dem Flur. Wie reagieren Sie?*

a Sie täuschen vor, Saltzmann nicht zu erkennen und fahren Ihn an: „Entschuldigung, hier ist nur für Mitarbeiter. Bitte lassen Sie sich einen Termin geben." (1 Punkt)

b Sie legen Saltzmann mit festem, aber bedauerndem Blick die Hand auf die Schulter und sagen so laut, dass alle Umstehenden es hören können: „Danke für Ihr Angebot, Saltzmann, aber ich muss Ihnen leider sagen: Eine sexuelle Beziehung zwischen Ihnen und mir kommt für mich nicht infrage." (2 Punkte)

c Sie sagen: „Danke für Ihr Angebot, Saltzmann, aber ich muss Ihnen leider sagen: Eine sexuelle Beziehung zwischen Ihnen und meiner 15-jährigen Tochter kommt nicht infrage. Die Polizei ist übrigens schon informiert." (3 Punkte)

FRAGE 2: *Sie stehen mit Ihrer Kollegin Frau Nüssing im Fahrstuhl, um nach oben zu fahren. Kollege Saltzmann kommt auf Sie zu und will noch mitfahren. Wie reagieren Sie?*

a Sie sagen: „Bleiben Sie besser draußen, Saltzmann, hier drinnen stinkt's grauenvoll", schließen schnell die Tür und lassen ihn die Treppe hochsteigen. (1 Punkt)

b Sie sagen: „Bleiben Sie besser draußen, Saltzmann, Sie stinken grauenvoll", schließen schnell die Tür und lassen ihn die Treppe hochsteigen. (2 Punkte)

c Sie sagen: „Bleiben Sie besser draußen, Saltzmann, der Fahrstuhl trägt nur 350 kg und die Kollegin Nüssing wiegt allein schon 270", schließen schnell die Tür und lassen ihn die Treppe hochsteigen. (2 Punkte + 1 Sonderpunkt dafür, mit einem Satz zwei Kollegen gleichzeitig zu mobben)

FRAGE 3: *Sie feiern im Büro Ihren Geburtstag. Der Kollege Saltzmann schenkt Ihnen einen Ficus Benjamini. Wie reagieren Sie?*

a Sie drücken ihm ein benutztes Tempotaschentuch in die Hand und sagen: „Hier, mein lieber Saltzmann, ich möchte Ihnen unbedingt etwas zurückgeben, was genauso schön ist wie Ihr Geschenk." (1 Punkt)

b Sie nehmen den Ficus vom Untersetzer, kippen ihn in den Papierkorb, drücken Saltzmann mit strahlendem Lächeln den leeren Untersetzer in die Hand und sagen: „Klasse, ein neuer Aschenbecher – wenn ich jetzt bei Ihnen im Büro einen Zigarillo paffe, muss ich das Ding nicht mehr auf Ihrem Mousepad ausdrücken!" (2 Punkte)

Sie nehmen den Ficus, bringen ihn in die Küche, werfen ihn in heißes Wasser und kochen ihn. Danach servieren Sie ihn Ihren Geburtstagsgästen im Büro mit den Worten: „Kollege Saltzmann hat auch was zum Buffet beigesteuert. Er lässt guten Appetit wünschen!" (2 Punkte)

FRAGE 4: *Auch die Kollegin Nüssing, die in Wirklichkeit nur etwa 150 kg wiegt, gratuliert Ihnen zum Geburtstag. Wie reagieren Sie?*

Sie bedanken sich lächelnd und bitten die Kollegin, bei Ihrer Geburtstagsfeier dabei zu sein – allerdings nur per Webcam-Schaltung, da der Linoleumboden Ihres Büros nicht für das Gewicht von Elefantenbabys ausgelegt sei. (2 Punkte)

Sie bedanken sich, drücken der Kollegin einen gekochten Ficus Benjamini in die Hand und sagen: „Hier, meine Liebe – Sie essen doch sicher alles, oder?" (2 Punkte)

Sie bedanken sich bei der Kollegin, aber wenn sie Ihnen einen Kuss auf die Wange drückt, zucken Sie zurück und flüstern: „Pst, Sind Sie denn wahnsinnig? Saltzmann darf uns nicht so sehen – er ist unsterblich in Sie verliebt." (2 Punkte)

FRAGE 5: *Auf der Weihnachtsfeier im Büro sucht der Kollege Saltzmann das Gespräch mit Ihnen, weil er das Gefühl hat, dass zwischen Ihnen beiden die Chemie nicht stimmt. Wie reagieren Sie?*

a Bevor er zu Wort kommt, klopfen Sie ihm auf die Schulter, lächeln freundlich und begrüßen ihn mit den Worten: „Kollege Gersdorff, gut, dass ich Sie treffe. Habe gerade eine hammerlustige Story über Saltzmann gehört. Zum Wiehern, was sich der Vollpfosten diesmal wieder geleistet hat ..." (1 Punkt)

b Sie unterhalten sich kurz mit ihm, klopfen ihm dann auf die Schulter und brüllen: „Mann, Saltzmann, Sie sind der mutigste Mann der Firma! Witze über den Magenkrebs vom Chef?! Also, ich würd mich das nicht trauen!" (2 Punkte)

c Sie lassen ihn gar nicht zu Wort kommen, schreien: „Wie können Sie hier auftauchen, Saltzmann – nach allem, was Sie mir und meiner Familie angetan haben?! Ich verfluche Sie!" Dann rennen Sie zum Fenster, stürzen sich aus dem 15. Stock auf die Straße und spuken von nun an als Poltergeist durch die Firma, vor allem natürlich in Saltzmanns Büro. (2 Punkte + 1 Sonderpunkt für besonderen Einsatz)

AUSWERTUNG:

BIS 6 PUNKTE: Das nennen Sie Mobbing, Sie Teddybär? Wir nennen es Kuscheln. Sie sind im modernen Büroalltag komplett überfordert. Hängen Sie den Job an den Nagel oder suchen Sie sich eine Stelle, die zu Ihnen passt: im Vorzimmer der Teletubbies.

7-10 PUNKTE: Vielversprechende Ansätze. Ein wenig Übung noch, und Sie steigen aus der Furzkissen-Liga auf und können bei den großen Intriganten mitspielen. Geben Sie nicht auf – auch in Ihnen steckt ein/e Borgia.

11-13 PUNKTE: Sie sind Hannibal Lecters böserer kleiner Bruder, beziehungsweise Joan Collins' fiesere kleine Schwester. Wahrscheinlich waren Sie eine Steißgeburt – und zwar aus reiner Bosheit. Suchen Sie sich einen Job, in dem Sie Ihre Talente voll einbringen können. Für Sie sollten nur die tückischsten und korruptesten Arbeitsumgebungen infrage kommen: Nordkorea, der Vatikan und die FIFA.

14 UND MEHR PUNKTE: Interessant, dass Sie hier gelandet sind – 13 Punkte war nämlich die Höchstzahl. Täuschen und Tricksen liegt Ihnen einfach im Blut, was? Schreiben Sie sich dafür nochmal einen Punkt gut, Sie Teufel.

DEN DRESSCODE RICHTIG ENTSCHLÜSSELN

Bei der hohen Personalfluktuation im modernen Büroalltag wird es immer wichtiger, unser Gegenüber schnell und sicher einzuschätzen, vor allem bei Meetings oder Vorstellungsgesprächen. Schon wie der/die andere sich anzieht, kann uns dabei viel über die Person verraten. Wie gut kennen Sie die Sprache der Kleidung? Unser kleiner Test sagt es Ihnen.

FRAGE 1: *Bei einem Vorstellungsgespräch in Ihrem Büro trägt Ihr Gegenüber einen dunklen Anzug mit Krawatte – dazu allerdings auch eine Sonnenbrille. Welche Schlüsse ziehen Sie daraus?*

A Dass der Mann genau der Richtige für den Job ist – immerhin suchen Sie ein Model für Ihre neue Sonnenbrillenkollektion.

B Klar, es ist wichtig, einen Jobanwärter bei einem Vorstellungsgespräch gründlich zu durchleuchten. Aber vielleicht war der 4000-Watt-Scheinwerfer doch übertrieben. Sie sollten ihn ausschalten.

C Sie befinden sich in Wirklichkeit gar nicht in einem Büro, sondern in einem Quentin-Tarantino-Thriller. Sie sollten eine Waffe ziehen und den Kerl ausschalten.

F R A G E 2: *Ihr Gegenüber im Büro trägt Hotpants, einen kirschroten, dick aufgetragenen Lippenstift, riesige Ohrringe und ein bauchfreies Spaghettiträgertop. Was denken Sie?*

A Dass diese Frau für ihren Job falsch angezogen ist – denn Ihre Sekretärin sollte keine Hotpants tragen, sondern einen megascharfen Micro-Minirock.

B Dass es verdammt peinlich ist, wenn Ihre 11-jährige Tochter Sie im Büro besucht. Und dass Sie sich endlich auch zu Hause mal in Sachen Dresscode durchsetzen müssen.

C Dass es einfach unglaublich leicht ist, den Kollegen Saltzmann zu verarschen. Der Depp fällt jedes Mal auf den alten Gag mit der Crossdressing-Kostümparty rein.

F R A G E 3: *Sie betreten ein Büro. Ihr Gegenüber dort hat einen komplizierten doppelten Windsor-Knoten gebunden. Was für eine Reaktion ist hier angemessen?*

A Der Knoten sieht toll aus – aber ist angeberisch. Sie gehen also schnell wieder. Mit einem solchen Dandy wollen Sie nichts zu tun haben.

B Der Knoten sieht toll aus – nur blöd, dass die Krawatte das Einzige ist, was der Kollege am Körper trägt. Sie gehen also schnell wieder. Mit einem solchen Ferkel wollen Sie nichts zu tun haben.

C Der Knoten sieht toll aus – aber der Kollege hat damit völlig übertrieben: Um sich zu erhängen, hätte es auch eine einfache Schlinge getan. Sie gehen also schnell wieder. Mit einem solchen Pedanten wollen Sie nichts zu tun haben.

F R A G E 4 : *In Ihrem Büro. Sie tragen Anzug und Krawatte, Ihnen gegenüber steht ein komplett nackter Mann. Was sagen Sie dazu?*

A „Gut, dass du nicht so lahm tippst, wie du dich nach dem Sex anziehst, Süßer. Sonst müsste ich dich versetzen lassen."

B „Ist schon wieder Casual Friday? Wie peinlich, dann bin ich ja völlig overdressed!"

C „Was soll's? Hauptsache, ein länglich geformtes Etwas zeigt vertikal zu Boden. Muss ja nicht immer eine Krawatte sein."

F R A G E 5 : *Ihr Gegenüber trägt ein großkariertes Sakko, dazu weiße Socken und eine unvorteilhafte Topffrisur, die er sich nach vorn in die Stirn kämmt. Wieso wird zwischen Ihnen beiden keine Freundschaft entstehen?*

A Weil der Kerl von den Kollegen zum zweitpeinlichsten Mitarbeiter gewählt worden ist. Den ersten Preis haben *Sie* bekommen – und Ihr Gegenüber lehnt es ab, etwas mit einer Vogelscheuche wie Ihnen zu tun zu haben.

B Weil es sich um Ihr Spiegelbild handelt, das Sie gerade im Waschraum des Firmenklos betrachten – und Sie sind ja schon Ihr bester Freund.

c Weil der Kerl Sie abschätzig anblickt und dann
  nach Hause schickt mit den Worten: „Tut mir leid,
  aber wir haben hier im Jerry-Lewis-Fanclub einen
  strengen Dresscode. Grauer Anzug und schwarze
  Socken? Das geht ja gar nicht!"

AUSWERTUNG:

Antwort a) jeweils 0 Punkte, b) jeweils 1 Punkt,
c) jeweils 2 Punkte.

0-10 PUNKTE: Sie wissen einiges über Mode.
Zum Beispiel, dass sie mit einem M am Anfang
geschrieben wird. Und mit einem kleinen e am Ende.
Aber das war's auch schon. Für Sie ist „Peeptoe"
irgendwas Schweinisches im Bahnhofsviertel. Und
wenn das Wort „Button-down" fällt, sagen Sie: „Klar,
hab ich an meinem PC auch." Wie jemand angezogen
ist, verrät *Ihnen* gar nichts. Unser Tipp: Arbeiten Sie
lieber in einer Umgebung, die Ihrem Modeverständ-
nis angemessener ist – in einer Sträflingskolonie oder
an einem FKK-Strand.

- Ein in ALTPERUANISCHER KNOTEN-SCHRIFT verfasstes Stenogramm ist kaum von einem neuzeitlichen Stringtanga zu unterscheiden.

- Würde man den inhaltlichen Gehalt aller Songtexte, die jemals DIETER BOHLENS Hirn entsprangen, stenografisch erfassen, bekäme man ihn auf die Oberfläche einer Erbse. Damit schließt sich der Kreis.

- Das kürzeste Stenogramm der Welt fasst die zwei Stunden dauernde Sportpalastrede von JOSEPH GOEBBELS („Wollt Ihr den totalen Krieg?") mit nur einem Wort zusammen: aua.

KURZKRIMI

Kommissar Jeff Carter musste unwillkürlich an ein Gemälde von Picasso denken, als er auf den seltsam verrenkten Körper des Toten blickte, der auf dem Trottoir lag. Nur dass Picasso mit Öl malte – nicht mit Blut. Sein Assistent Bill Smith schaute in seinen Notizblock. „Der Tote heißt John Sturges. So wie es aussieht, ist er aus dem Fenster seines Büros gestürzt." Smith zeigte auf ein offenes Fenster im achten Stock des Versicherungsgebäudes. „Ich tippe auf Selbstmord."

Carter deutete auf einen Zollstock, den der Tote noch in seiner Hand hielt. „Würden Sie einen Zollstock mitnehmen, wenn Sie aus dem Fenster springen?"

Smith zuckte mit den Schultern. „Muss wohl ein sonderbarer Typ gewesen sein. Seine Kollegen gaben an, dass er ständig mit Zollstock und Lineal durch die Gegend lief, um nachzumessen, ob die Büromöbel den ergonomischen Anforderungen entsprechen. Taten sie dies nicht, rannte er sofort zum Betriebsrat."

Carter nickte. „Wurde er gemobbt?"

Smith schüttelte den Kopf. „Nur das Übliche: E-Mails mit Fotomontagen, die ihn nackt beim Sex mit einem Schaf zeigen und so was. Ich glaube auch nicht, dass er sich wegen seines Jobs umgebracht hat. Er hatte genug andere Gründe."

Carter hakte nach. „Welche?"

Smith schaute in seinen Notizblock: „Seine Frau wollte die Scheidung, er war finanziell ruiniert, unheilbar krank, ein langer und qualvoller Tod stand ihm bevor, seine Mutter hat ihm gestanden, nicht seine Mutter zu sein, seine Tochter nicht seine Tochter, und sein Fußballclub stand vor dem Abstieg." Smith klappte seinen Notizblock zu. „Wenn Sie mich fragen: Der Mann war am Ende."

Carter nickte. „Kann sein, trotzdem möchte ich sein Büro sehen." Im Aufzug fuhr Smith fort: „Fremdverschulden können wir jedenfalls ausschließen. Der Portier gab an, dass Sturges heute Morgen wie immer als Erster im Büro war. Noch bevor die anderen kamen, lag er schon auf dem Bürgersteig."

Als sie das Büro des Toten betraten, pfiff Carter durch die Zähne. So einen winzigen Arbeitsraum

hatte er noch nicht gesehen. Und so einen gigantischen Computermonitor auch nicht. Smith zeigte auf
den Monitor. „Gewaltiges Mäusekino, was? 50 Zoll,
hochauflösend. Hat ihm sein Chef, William Conrad,
gestern Abend erst auf den Tisch gestellt. Einfach
so. Ohne dass Sturges danach gefragt hat. Mann! So
einen Vorgesetzten möchte ich auch mal haben!"

Carters Blick fiel auf ein Merkblatt, das auf dem
Schreibtisch vor dem Monitor lag. „Arbeitsschutz-
bestimmungen ... hmm ..." Er schaute auf das
gegenüberliegende Fenster und nickte. „Ich glaube
nicht, dass Sie wirklich so einen Vorgesetzten haben
wollen, Smith. Denn dann wären Sie jetzt tot. Ver-
haften Sie William Conrad wegen Mordes an John
Sturges!"

Wie konnte Carter wissen, dass William Conrad für
den Tod seines Angestellten verantwortlich war?

LÖSUNG

John Sturges beschäftigte sich intensiv mit Arbeits-
schutzbestimmungen. Das war seinem Chef ein Dorn
im Auge. William Conrad wusste, dass Sturges niemals
eine Arbeitsschutzbestimmung ignorieren würde.
So stellte er am Abend vorher den riesigen Monitor
auf Sturges' Schreibtisch. Denn ihm war klar: Der
einzige Ort, der weit genug weg war, den Mindest-
abstand einzuhalten, den man vor so einem Monitor
bestimmungsgemäß einzunehmen hatte, lag draußen
– einen Meter hinter dem Fenstersims.

NÜTZLICHE TIPPS

ZUR VERBESSERUNG DES

ARBEITSKLIMAS

Mit Humor geht alles leichter! Das gilt auch oder gerade im Büro. Es gibt viele effektive Maßnahmen, mit denen Sie das Arbeitsklima in Ihrer Firma nachhaltig verbessern können. Neben echten Klassikern, wie die Mine aus dem Kugelschreiber Ihres Kollegen zu schrauben oder die Uhrzeit an seinem Telefon zu verstellen, gibt es zahlreiche andere Methoden, mit denen Sie die Stimmung in Ihrer Abteilung positiv beeinflussen und das oft mühsame Teambuilding extrem erleichtern können.

Wenn die Stimmung im Büro nicht allzu schlecht ist, empfiehlt sich ein weiterer all time classic: das Pupskissen. Legen Sie es einfach auf den Bürostuhl eines Kollegen, und ernten Sie die Lachsalven, wenn der betreffende Kollege zum ungewollten Mittelpunkt des Büros avanciert. In Pakistan wird anstatt eines Pupskissens häufig eine Tretmine verwandt, diese Variante ist allerdings sehr laut und zudem kostenintensiv.

Vielfach erprobt ist auch das „gefakte Post-it": Sie hinterlassen Ihrem Kollegen die Notiz „Herrn Fuchs zurückrufen" und schreiben die Telefonnummer des örtlichen Zoos darunter. Bei dem folgenden Telefonat

Ihres Kollegen mit dem Zoodirektor wird die Erheiterung im Raume keine Grenzen kennen.

Wenn die Stimmung im Büro schon relativ gedrückt ist, hat sich die folgende Maßnahme als Icebreaker bestens bewährt: Drücken Sie den Telefonhörer eines Kollegen auf ein Stempelkissen. Sobald Ihr „Opfer" sein nächstes Telefonat geführt hat, werden die anderen Kollegen staunen, dass es anscheinend nicht nur blaue Augen gibt. Etwas subtiler, aber genauso effektiv ist es, den Hörer mit Nivea-Creme einzuschmieren. Dem Kollegen wird es ab jetzt leichter vorkommen, einen glibberigen Fluss-Aal mit der Hand zu fangen, als ein Telefonat zu führen. Wenn er es trotzdem versucht, wird die Stimmung im Büro und im gesamten Team einen neuen Höhepunkt erreichen. Was als weiterer gruppendynamischer Katalysator wirkt: wenn Sie und Ihre Kollegen Ihr „Opfer" ab diesem Zeitpunkt nur noch „Flutschfinger" nennen.

Erfahrene Teampsychologen raten auch häufig dazu, den Telefonhörer mit doppelseitigem Klebeband am Telefon zu fixieren. Spätestens beim zweiten Klingeln wird Ihr Kollege das komplette Telefon in der Hand halten. Wahlweise kann man auch die komplette Schreibtischoberfläche des Kollegen mit Sekundenkleber einschmieren. Damit treiben Sie die Stimmung im Büro auf den absoluten Siedepunkt! Aber Vorsicht! Dieser gut gemeinte Scherz wird von sensiblen Kollegen oft als Mobbing empfunden, zumal sich die anschließende Rechnung des Dermatologen für die aufwändige Hauttransplantation meistens gewaschen hat.

Ein hervorragender Ort, um das Arbeitsklima in Ihrer Abteilung zu fördern, ist die Firmenküche. Was glauben Sie, was passiert, wenn Sie das Menü der Kaffeemaschine auf Chinesisch umstellen? Oder wenn Sie in die Keksschüssel neben der Kaffeemaschine die seit Jahrzehnten abgelaufene Schokolade aus Ihren Uralt-Karnevalsvorräten mischen. Oder die fiesen Fischcracker aus dem China-Restaurant, die zwar nach nix riechen, dafür aber schmecken wie fermentierte Sardellenkadaver! Wer da herzhaft zugreift, braucht für zusätzliche gute Stimmung im Raum nicht mehr zu sorgen.

Oft enden auch Geburtstagsfeiern von Kollegen in der Küche – die perfekte Gelegenheit für eine nachhaltige Maßnahme zum Teambuilding. Sobald einer der Kollegen wegen zu viel Alkohol eingeschlafen ist, nehmen Sie einen wasserunlöslichen schwarzen Edding und malen ihm – zusammen mit den anderen Kollegen – ein paar lustige Schnurrbarthaare ins Gesicht. Oder, wenn Sie in der passenden Stimmung sind, einen behaarten Penis. Eine solche Maßnahme hat einen vielfach höheren Teambuilding-Effekt als die übliche Kletteraktion in irgendeinem Hochseilgarten.

Sehr kreative Möglichkeiten, die Stimmung im Büro zu verbessern, bietet das weite Feld der EDV. Wenn Sie eine optimale Wirkung erzielen wollen, verwenden Sie den sogenannten Drei-Stufen-Plan.

S T U F E 1 : Wenn Ihr Kollege Rechtshänder ist, stellen Sie seine Maus auf Linkshänder.

S T U F E 2 : Sollte Ihr Kollege nicht blind schreiben, tauschen Sie zwei Buchstaben auf seiner Tastatur

aus. Wenn es richtig gut für Sie läuft, sind die gewählten Buchstaben im Passwort enthalten und der PC Ihres Kollegen im Nu gesperrt.

STUFE 3: Ersetzen Sie in der Autokorrektur-Funktion den Namen Ihres Kollegen durch ein anderes Wort, also zum Beispiel „Müller" durch „Spaßvogel" oder, wenn Sie es sich trauen, durch „Doofmann". Wenn Kollege Müller dann eine Mail an einen wichtigen Geschäftspartner mit seinem Namen versieht und dadurch ein Millionenauftrag für die Firma flöten geht, kennt die Stimmung im Team kein Halten. Vor allem wenn der cholerische Chef den Kollegen anschließend nach allen Regeln der Kunst zur Sau macht.

Sollten alle diese Maßnahmen nicht zum gewünschten Ziel führen, dann bevorzugen Ihre Kollegen vielleicht einen etwas schwärzeren Humor. In diesem Fall empfiehlt es sich zum Beispiel, einem Kollegen eine als Geschäftspost getarnte Briefbombe zu schicken. Oder, wenn er Asthmatiker ist, Waschbenzin in seinen Inhalator zu füllen. Diese Maßnahmen werden das Arbeitsklima ohne Zweifel auf ein neues Niveau führen. Aber Vorsicht! Wenn Sie es übertreiben, kann es zu unangenehmen Nebenwirkungen kommen. Viele Büros mussten nach Maßnahmen dieser Art geschlossen werden, weil (fast) alle Mitarbeiter von tagelangen Lachkrämpfen geschüttelt wurden und nicht mehr arbeitsfähig waren.

Dennoch: Die Möglichkeiten, die Stimmung an Ihrem Arbeitsplatz positiv zu beeinflussen, sind schier unerschöpflich. Wenn Sie zukünftig nur einige der oben genannten Tipps beherzigen, werden Sie schon bald den schönsten und harmonischsten Arbeitsplatz der Welt haben.

INTERVIEW MIT
MISS MONEYPENNY

Miss Moneypenny ist uns allen bekannt aus der James-Bond-Filmreihe. Sie arbeitet als Sekretärin und Vorzimmerdame beim britischen Geheimdienst MI6 – kein gewöhnlicher Arbeitsplatz mit einem sicher nicht alltäglichen Aufgabenfeld für eine Bürokraft. Wir wollten wissen, welche Voraussetzungen man für einen so aufregenden Job mitbringen muss und inwieweit sich ihr Büroalltag von dem anderer unterscheidet.

Miss Moneypenny ...
>   *MM: Nennen Sie mich bitte Z. Alle tragen hier Decknamen.*

Miss Z, wie unterscheidet sich ihre Arbeit von der einer Kollegin, die, sagen wir mal bei der Stadtverwaltung beschäftigt ist?
>   *MM: Zunächst mal am Decknamen. Meiner lautet zum Beispiel F.*

Ich dachte Z?
>   *MM: Wir haben hier beim MI6 ein rotierendes System. Damit niemand zu lange denselben Namen behält. Wenn Spione zum Beispiel dahinter kämen, dass ich Z bin, können sie mit dem Wissen wenig anfangen, da ich ja kurz darauf L bin.*

Ich dachte F?

MM: Das war einmal.

Und warum heißt Ihr Chef dann immer noch M?

MM: Das ist ein Trick. M bleibt immer M, aber der Mensch dahinter ändert sich. Mal ein Mann, mal eine Frau, das ist ein ständiges Kommen und Gehen hier. Das ist übrigens auch ein Unterschied zur Stadtverwaltung. Da bleibt man sein Leben lang. Okay, hier zwar auch, aber das Leben bei uns ist bedeutend kürzer.

Gut, Miss ähm ...

MM: Doppel-D.

Zurück zu Ihrer Büroarbeit.

MM: Das ist natürlich alles sehr geheim hier. Wenn ich zum Beispiel etwas tippe, wofür man sofort umgebracht wird, wenn man es weiß, wie zum Beispiel die Pläne, den russischen Präsidenten beim Reiten mit einer im Sattel verborgenen vergifteten Messerspitze ...

Nein, nein! Nicht verraten!

MM: Dann muss ich das anschließend immer vergessen. Dienstlich vorgeschrieben.

Und wie machen Sie das?

MM: Doppelkorn. Mit der Lizenz zum Koma. Das ist übrigens eine Gemeinsamkeit zur Stadtverwaltung. Da wird ja auch gerne mal einer gehoben.

Hat sich Ihre Arbeit durch den Einsatz moderner Technik stark verändert?

MM: Seitdem wir hier einen Kühlschrank haben, kann ich den Doppelkorn auf Eis trinken.

Und in Bezug auf Ihre Tätigkeit als ganz normale Schreibkraft?

MM: Auch. Früher hatten wir in den Schreibmaschinen Farbbänder mit Geheimtinte.

Das klingt sehr altmodisch. Und heute?

MM: Haben wir Laserdrucker mit Geheimtoner. Wenn Sie mich fragen, übertreiben die es hier ein bisschen mit der Geheimhaltung. Wie finden Sie meinen Nagellack? [Sie zeigt ihre Fingernägel.]

Ach … die sind lackiert?

MM: Geheimnagellack. Vorgeschrieben. Ich sag ja. Die ticken hier nicht sauber.

Aber die moderne EDV nimmt Ihnen doch sicher einiges an Arbeit ab.

MM: Hören Sie auf. Da geht alles nur mit Passwort. Meins lautet übrigens „Passwort". Pfiffig, nicht? Den Tipp hat mir eine Kollegin vom deutschen Verfassungsschutz gegeben. Machen die auch so. Aber es stimmt schon. Seitdem wir Computer haben, arbeitet unsere Abteilung wesentlich effektiver als früher. Ich würde sagen, wir schaffen locker ein bis zwei Anschläge die Minute.

Bitte?

MM: Mordanschläge.

Verstehe. Welches Verhältnis haben Sie zu James Bond?

MM: Ein arroganter Pinsel, der nichts kann, außer seinen Hut auf den Kleiderständer zu werfen. Bond! Pah! Alle nennen ihn hier nur WC-Bürste. Wegen der Doppelnull. Und das ist er auch. Eine Null reicht nicht, um auszudrücken, was der Mann für eine Niete ist.

Und warum Bürste?

MM: Weil er jede bürstet, die nicht bei drei auf den Bäumen ist! Schlimm! Ich sag Ihnen: Wenn der Typ hier ist, geht's an unserer Behörde zu wie auf dem Betriebsausflug einer deutschen Versicherungsgesellschaft!

Können Sie sich vorstellen, irgendwo anders zu arbeiten?

MM: Ich könnte einen Job bekommen als Vorzimmerdame von Tarzan.

Klingt auch interessant!

MM: Ja, hätte einige Vorteile: legerer Dresscode, die Diktate wären kurz, und man ist den ganzen Tag an der frischen Luft. Der ganze Dschungel wär' ja mein Büro. Aber da liegt leider auch der Pferdefuß.

Nämlich?

MM: Ich hätte jeden Tag alle Pflanzen gießen müssen.

NEUES AUS DER WELT DER
MEINUNGS-
FORSCHUNG

Von entscheidender Wichtigkeit für die Aufrecht-erhaltung eines guten Arbeitsklimas ist die ständige Überprüfung der Mitarbeiterzufriedenheit. Regelmäßig gibt es zu diesem Thema neue Umfragen. Wir stellen die wichtigsten Ergebnisse vor:

Auf die Frage: *„Wie zufrieden sind Sie mit Ihrem Chef?",* antworteten ...

1 0   P R O Z E N T : Ich bin voll und ganz mit ihm zufrieden.

7 7 , 5   P R O Z E N T : Ich bin mehr als zufrieden mit ihm. Ich bewundere meinen Chef. Mein größter Lebenstraum ist es, mich seiner würdig zu erweisen und so zu werden wie er, obwohl ich weiß, dass ich dieses übermenschliche Ziel niemals erreichen kann. Mein Chef ist zweifellos einer der außergewöhn-lichsten Menschen der Welt. Ich nenne ihn in einem Atemzug mit Aristoteles, Richard von Weizsäcker und Nelson Mandela.

1 2 , 5   P R O Z E N T gaben keine Antwort.

Auf die Frage: *„Finden Sie es problematisch, dass Ihr Chef eine namentlich gekennzeichnete schriftliche Kopie dieses Interviews bekommt?",* antworteten ...

10,5 PROZENT: Nein, damit habe ich kein Problem.

77 PROZENT: Nein, sämtliche firmeninternen Umfragen sollten auf diese Weise durchgeführt werden, weil nur so sichergestellt werden kann, dass die Antworten realistisch und wahrheitsgemäß ausfallen. Ich danke meinem Chef für die Umsicht, sich für dieses Verfahren entschieden zu haben, und stimme als Zeichen meiner Solidarität vorsorglich zu, mich in einer Initiative zur Abschaffung des Betriebsrats zu engagieren.

12,5 PROZENT gaben keine Antwort.

Natürlich wurden auch die *Abteilungsleiter und Manager befragt, wie es um ihre Zufriedenheit mit den Mitarbeitern bestellt ist.*
Es gaben an ...

1 PROZENT: Ich bin mit meinen Mitarbeitern zufrieden.

5 PROZENT: Ich bin mit M I R zufrieden – auf alles andere kommt's nicht an.

94 PROZENT: Bleiben Sie mir mit diesen dummen Fragen vom Hals! Mann, ich muss 12,5 Prozent meiner Belegschaft feuern! Haben Sie eine Ahnung, was das für ein Stress ist?!

Büroalltag im TV

Im Fernsehen wimmelt es von Sendungen, die sich rund um bestimmte Berufsgruppen und deren Arbeitsplätze drehen. Ärzte, Hoteliers, Lehrer, Traumschiffkapitäne, Beerdigungsunternehmer, ja sogar Folterknechte (Beckmann) finden wir zuhauf im TV. Nur unser geliebter Arbeitsplatz, das Büro, ist erstaunlich unterrepräsentiert. Zwar gibt es immer mal wieder Serien, die der Fernsehnation weismachen wollen, wie langweilig und öde unser Job ist, doch wir Insider wissen natürlich, dass diese Darstellung an der Wirklichkeit vorbeigeht. Denn in den meisten Fällen ist unsere Arbeit nicht langweilig und öde. Sie ist langweilig, öde und überflüssig.

So bleibt uns nichts übrig, als in anderen Serien zu wildern, um uns und unseren Arbeitsplatz einigermaßen realitätsnah in ihnen wiederzufinden. Hier ein kurzer Check, welche Serie sich dazu eignet und welche nicht.

GREY'S ANATOMY

Wenig büroaffine Krankenhausserie. Eigentlich ein Nullpunktekandidat, wenn nicht in Folge 212 plötzlich ein Langhefter eine bedeutende Rolle spielen würde. Und zwar als Fund im Rektum eines Patienten. Von daher gut gemeinte zwei Punkte. Zwei, weil es ein Lang- und kein normaler Hefter war.

MACGYVER

Der namengebende Held der Agentenserie, Angus MacGyver, zeigt in sieben Staffeln, was man aus Büromaterialien alles basteln kann, wenn man Langeweile hat. Höhepunkt: Aus zwei Büroklammern, einem Locher und einem defekten Aktenschredder zauberte der begabte Improvisationskünstler eine funktionstüchtige Interkontinentalrakete mit Atomsprengkopf. Ganz großes Kino und eine tolle Inspiration für Bürobasteleien! Zehn Punkte.

BONANZA

In den 431 Episoden der erfolgreichen Westernserie gab es nicht einen einzigen Moment, in der eine Frau eine bedeutende Rolle gespielt hätte. Selbst die Position der Köchin wurde von einem Mann beziehungsweise einem geschlechtsneutralen Wesen namens Hop Sing eingenommen. Wenn Frauen auftauchten, dann nur als vernachlässigbare Randerscheinung, die sich allerhöchstens dazu eignete, Kaffee zu kochen oder sich plump anbaggern zu lassen. Wenn Sie sich jetzt wundern, was das alles mit der Arbeit in Ihrem Büro zu tun hat, fragen Sie doch mal Ihre Praktikantin. Fünf Punkte.

DAS SUPERTALENT

Eigentlich keine Serie im engeren Sinne. Auch wenn man es auf den ersten Blick nicht vermuten würde, finden sich in diesem Bodensatz deutscher Fernsehunterhaltung erstaunlich viele Dinge wieder, die man aus dem täglichen Büroalltag gut kennt: sexistische Sprüche bis zum Abwinken, Mobbing, leicht bekleidete junge Dinger, die kaum einen Satz fehlerfrei aussprechen können und ein Tyrann, der Menschen, die sich bei ihm bewerben, bloßstellt und bis auf die Knochen blamiert. Zehn Punkte.

DER ALTE

Von den bisher 369 produzierten Folgen der einstündigen Krimiserie spielen rund 368,5 Stunden im Büro. Trotzdem spiegelt die Serie den Büroalltag nicht wider. Denn im Gegensatz zur Realität arbeiten in den Büros des Alten nur Menschen, die über 65 sind. Null Punkte.

HALLO ROBBIE

Held der Serie ist ein Seelöwe, der seiner Natur entsprechend mindestens genauso schlüpfrig ist wie ein Standardwitz im Büro. Wenn er Laute von sich gibt, erinnert das Geräusch zudem stark an das Gelächter der Kollegen, die über ebendiesen Witz lachen. Drei Punkte.

DIE TROVATOS – DETEKTIVE DECKEN AUF

Menschen, die anderen Menschen penetrant und plump nachschnüffeln, in ihren Privatsachen stöbern, ja sogar nicht davor zurückschrecken, Minikameras an Orten wie der Damentoilette zu verstecken. Kommt Ihnen das bekannt vor? Acht Punkte.

HÄNSEL & GRETEL IN DER BEHÖRDE

Es war einmal ein armer Mann, der hatte zwei Kinder, die hießen Hänsel und Gretel. Eines Tages sagte seine Frau zu ihm: „Morgen wollen wir die beiden in den Wald zum Holz sammeln führen und lassen sie dort zurück. So haben wir dann zwei Mäuler weniger zu stopfen." Doch die Kinder hatten das Gespräch mit angehört, und Hänsel sprach zu seiner Schwester: „Gräme dich nicht, ich will uns schon helfen."

Und wirklich: Als am nächsten Morgen die Kinder mit in den finsteren Wald sollten, fragte Hänsel: „Haben wir denn auch eine amtliche Genehmigung zum Holzsammeln?"

„Öh", antwortete da der Vater, und seine Frau fügte hinzu: „Äh, nicht direkt jetzt."

Und so machten sich die vier auf zum Amtsgebäude und betraten den Meldesaal. Dort stand eine streng blickende Frau hinter einer Theke, diese bat der Vater um eine Genehmigung zum Holzsammeln, worauf sie sprach: „Ziehen Sie eine Nummer."

Und der Vater zog aus einem kleinen Kasten die Nummer 389, seine Frau aber zeigte auf eine Tafel an der Wand, auf der rote Zahlen blinkten, und sprach: „Herrjemine – sie sind erst bei Nummer 22."

Und so setzten sie sich und warteten den ganzen Tag, Hänsel und Gretel aber frohlockten, denn als der Abend gekommen war, blinkte auf der Tafel an der Wand gerade einmal die Nummer 103. Am nächsten Tag aber kehrten sie ganz früh wieder und dieses Mal wurden sie vorgelassen zu einem Schalter, an dem eine andere Frau stand und sagte: „Forstangelegenheiten? Hier nicht. Erster Stock, Zimmer 12 b."

Und so gingen sie in den ersten Stock zu Zimmer 12 b. Dort aber traten sie vor einen Mann, dessen Gesicht so grau war wie sein Anzug, der sprach zu ihnen: „Sie wollen eine Konzession? Gewerbeamt – dritter Stock im nördlichen Anbau, Raum sieben."

Der Vater und seine Frau gingen weiter zum nördlichen Anbau, aber Hänsel und Gretel, die laut gähnten, durften auf einer Bank auf dem Flur warten. Sobald die Eltern aber fortgegangen waren, sprang Hänsel auf und rief: „Gretel, ich will uns helfen. Wenn sie uns in den Wald führen, wollen wir Brotkrumen auf den Weg streuen, dass wir den Weg zurück finden. Jetzt brauchen wir nur noch eine Sache."

„Brot?", fragte Gretel.

„Nein. Eine forstamtliche Sondergenehmigung zur unsachgemäßen Nutzung von öffentlichen Waldwegen."

Gretel ärgerte sich, dass sie selbst nicht sofort daran gedacht hatte, und so liefen die beiden zurück zum Forstamt, zum grauen Mann.

„Unsachgemäße Nutzung öffentlicher Waldwege? Nicht unser Bereich. Das ist das Umweltamt – ein Stockwerk höher, hinteres Ende des Flurs, Zimmer drei."

Und so fuhren Hänsel und Gretel ein Stockwerk höher und schritten zum Ende des Flurs. Nur wenige Meter hinter ihnen aber gingen der Vater und seine Frau an ihnen vorbei. Sie hatten nämlich erfahren müssen, dass das Gewerbeamt nicht für sie zuständig war, da sie das Holz zu privaten Zwecken sammeln wollten. Im Ordnungsamt aber, im oberen Erweiterungsflügel, würde man ihnen einen privaten Sammelschein ausstellen. Die Frau stöhnte und jammerte, und so bemerkten sie Hänsel und Gretel nicht, als diese die Tür zum Umweltamt öffneten. Dort saß ein dicker Mann und sah vom Sportteil der Tageszeitung auf: „Forstamtliche Sondergenehmigungen zur unsachgemäßen Nutzung von öffentlichen Waldwegen? Haben wir nicht mehr vorrätig."

Hänsel und Gretel schauten ihn flehend an. Da erbarmte sich der dicke Mann und sagte:

„Versucht's mal im Keller, im Amtsarchiv. Vielleicht haben die noch welche."

Hänsel und Gretel dankten dem dicken Mann artig und nahmen sich an die Hand und liefen immer tiefer in das Gebäude hinein und hatten das Gefühl, dass es keinen Weg mehr gebe, der sie jemals wieder hinausführen könnte. Als sich gerade die Tür zur Kellertreppe hinter ihnen geschlossen hatte, da kamen wieder der Vater und seine Frau vorbei. Im Ordnungsamt im oberen Erweiterungsflügel hatte ein freundlich lächelnder Mann zu ihnen gesprochen und wollte ihnen einen Sammelschein geben – allerdings nur mit gültigem Lichtbild, anzufertigen am Fotoautomaten im Eingangsflur.

Hänsel und Gretel schlichen inzwischen durch den unheimlichen Keller und kamen durch eine Tür, auf der stand „Amtsarchiv". Und als sie sich dort umsahen, so konnten sie ihr Glück kaum fassen: Auf den Tischen standen Pappkartons voller Akten und Schriftstücke, und an den Wänden türmten sich Papierstapel. Alles, was nur ihr Herz begehren mochte: gewerbliche und private Holzsammelscheine, forstamtliche Genehmigungen, polizeiliche Führungszeugnisse, Beglaubigungen, Geburts- und Sterbeurkunden.

„Da wollen wir uns dran machen", sprach Hänsel und reichte in die Höhe, um nach der Sondergenehmigung zu suchen. Dabei aber stieß der Bub den Stapel um und hui, flatterten all die Blätter lustig durch den

Raum. Da ertönte plötzlich eine zitternde Stimme: „Knusper, knusper, Knäuschen, wer stört mich in meinem Päuschen?"

Die Kinder antworteten: „Der Wind, der Wind, das himmlische Kind!"

Und schon öffnete sich die Tür, und eine runzlige alte Frau kam herein, sah die umherwehenden Zettel und nickte: „Hat wohl wieder einer das Fenster offen gelassen."

Dann aber sah sie Hänsel und Gretel und lächelte aus ihrem zahnlosen Mund: „Ei, liebe Kinder, wer hat euch hierher gebracht?"

Und Hänsel erzählte ihr, dass sie auf der Suche nach einer forstamtlichen Sondergenehmigung zur unsachgemäßen Nutzung von öffentlichen Waldwegen waren. Als die alte Frau das hörte, lächelte sie boshaft in sich hinein: „Die sollen mir nicht wieder entwischen." Und sie suchte den Geschwistern das Genehmigungsformular heraus, wollte es ihnen aber nur geben, wenn sie ihr helfen würden, im Lagerraum die aussortierten Akten zu schreddern.

Hänsel und Gretel waren voller Freude, aber nur bis die alte Frau sie in den Lagerraum geführt hatte. Dort standen sie vor einem riesigen Schredder – und vor Bergen von Akten, die alle noch nicht vernichtet worden waren, denn die Päuschen der Alten waren häufig und ausgedehnt. Hänsel wurde das Herz schwer, aber Gretel lächelte die alte Hexe an und sprach: „Wir wollen wohl helfen, aber als Minderjährige müssen wir uns erst eine Genehmigung des Arbeitsamtes und des Jugendamtes holen."

Als die Alte dies vernahm, heulte sie ganz grauselich, denn sie kannte die beiden Ämter und wusste, dass die Genehmigungen nicht vor ihrem Rentenbeginn ausgestellt sein würden. Der Zorn der Hexe war so groß, dass sie sich auf die Kinder stürzte, um sie in den Schredder zu werfen. Aber kurzsichtig, wie sie war, verfehlte sie die Geschwister. Und als sie suchend herumtapste, da gab ihr Gretel einen Stoß, dass sie weit hineinfuhr in den Schredder, der sie kurz darauf in vielen kleinen Schnipseln wieder ausspuckte.

Hänsel aber hatte dabei der Hexe die Genehmigung aus der Hand gerissen und rannte mit seinem Schwesterchen davon. Nach vielen Stunden fanden sie den Eingangsflur wieder und trafen dort auf den Vater. Die Frau jedoch war inzwischen verschwunden. Denn der freundlich lächelnde Mann im Ordnungsamt hatte zwar den Sammelschein mit Lichtbild angefertigt, wollte ihn aber immer noch nicht aushändigen, sondern erst nach Zahlung der Ausstellungsgebühr, zu entrichten an der Finanzkasse im Ostflügel der Meldehalle. Als die Frau das gehört hatte, war sie schreiend davongelaufen.

Und so fielen sich die drei in die Arme und tanzten und sprangen froh umher – aber natürlich erst, nachdem sie sich einen Genehmigungsschein für die Durchführung von Showveranstaltungen an öffentlichen Plätzen hatten ausstellen lassen.

NEUE
BÜROKRANKHEITEN

Es gibt zahlreiche Krankheiten, die durch Büro-arbeit verursacht werden: Bandscheibenvorfälle, chronische Kopfschmerzen oder neuerdings der schmerzhafte „Maus-Arm". Zunehmend jedoch treten in vielen deutschen Büros bislang unbekannte Erkrankungen auf, die unter den Mitarbeitern Angst und Schrecken verbreiten.

Die ARSCHKRIECHER-SKOLIOSE, in der medizinischen Fachliteratur auch als „Chef-zäpfchen-Syndrom" bekannt, ist eine dauerhafte Verkrümmung der Rückenwirbelsäule, hervorgerufen durch das unablässige, devote Bücken des Betroffenen, sobald Vorgesetzte in seiner Nähe auftauchen. Hier empfiehlt es sich aus therapeutischer Sicht, dass sich der Patient einmal täglich ausgestreckt auf den Boden legt und seinem Chef die Füße küsst. Das hilft der Wirbelsäulenmuskulatur des Patienten und fördert – genau wie das Arschkriechen – auch seine Karriere.

Die SCHMIERLAPPEN-HYPERTRO-PHIE ist eine krankhafte Vergrößerung des Augapfels, die auftritt, wenn man der Kollegin zu häufig unter den Rock schaut. Die Erkrankung lässt sich nur heilen, indem der Betroffene dauerhaft eine schwarze Augenbinde trägt. Oder die Kollegin eine Hose. Die Schmierlappen-Hypertrophie tritt häufig in Kombination mit dem sogenannten GRÜNEN-MÖPSE-STAR auf. Dieser wird oft schon durch einmaliges Schielen in den prallen Ausschnitt einer blutjungen Praktikantin ausgelöst und endet häufig im kompletten Verlust der Sehkraft oder, wenn zu offensichtlich geschielt wurde, auch mit einem gezielten Tritt in die Weichteile.

Die AUSSITZ-SCHWARTE (*Morbus Merkel*). Eine hornhautähnliche Verdickung der oberen Epidermis im Bereich der Gesäßbacken. Häufigste Ursache ist die Neigung der Patienten, ihre beruflichen und auch alle anderen Probleme durch nachhaltiges Nichtstun zu lösen. Aussitz-Schwarten können nur operativ entfernt werden. Problem: Für die OP müsste der Patient aufstehen.

Der KONFERENZ-TINNITUS. Hierbei handelt sich um einen Selbstschutzmechanismus des Körpers. Um bei einer Konferenz der drohenden

Zerstörung ganzer Hirnareale zuvorzukommen, wird der monotone und sinnentleerte Vortrag des Chefs im Ohr des Patienten in einen anhaltenden Piepton umgewandelt. Sollte der Betroffene nach dem Ende der Konferenz immer noch ein dauerhaftes Piepen hören, leidet er entweder unter einem echten Tinnitus oder unter einer falsch eingestellten Weckzeit auf seinem Handy.

Der WEIHNACHTSFEIER-PRIAPIS-MUS *(Morbus Beckenbauer)*. Ein insbesondere bei männlichen Funktionsträgern des FC Bayern München weit verbreitetes Krankheitsbild. In schlimmen Fällen löst schon die bloße Ankündigung der

Weihnachtsfeier bei den Betroffenen eine schmerzhafte Dauererektion aus, die nur durch den Beischlaf mit der blonden Vereinssekretärin kuriert werden kann.

Die EIERKRAUL-ARTHRITIS (auch *Taschenbillard-Syndrom*). Durch anhaltendes Streicheln und Tätscheln der Testikel hervorgerufener, entzündlicher Verschleiß der Fingergelenke. Hier hilft das Durchspülen der Gelenke mit einer kortisonhaltigen Flüssigkeit. Oder arbeiten.

Die MONETÄRE DEMENZ. Bei Chefs das totale Vergessen einer in Aussicht gestellten Gehaltserhöhung. Nicht zu verwechseln mit SOZIALER DEMENZ, dem totalen Vergessen sämtlicher Umgangsformen und humanoider Verhaltensweisen. Soziale Demenz kann nicht nur Chefs, sondern alle männlichen Kollegen treffen. Sie tritt, analog zum Priapismus, vor allem bei Weihnachtsfeiern auf.

Das RAUCHERBEIN (*Morbus Helmutschmidt*) wird üblicherweise verursacht durch übermäßigen Nikotinkonsum und die damit einhergehenden Gefäßverengungen. Im Büro hingegen entsteht das Raucherbein durch die Vorschrift, selbst bei arktischen Temperaturen draußen rauchen zu müssen, und den damit einhergehenden Erfrierungen an Fuß und Unterschenkel.

HILFREICHE SONGS FÜR DIE ARBEIT

Musik macht Spaß, das wissen wir alle. Sie kann aber auch für unsere Arbeit von großem Nutzen sein. Zum Beispiel, wenn Sie einem Kollegen oder dem Chef mal die Meinung geigen wollen, sich aber nicht trauen, sie ihm direkt ins Gesicht zu sagen. Angenommen, die sehr blonde Assistentin des Chefs nervt Sie mit ihrem gelifteten Grinsen, dann sagen Sie es ihr mit einem Song, zum Beispiel mit *Barbie Girl* (Aqua) oder einem ironisch angehauchten *You Are So Beautiful* (Joe Cocker).

Sie werden bald erkennen: Für jede Situation gibt es den passenden Song. Allerdings: Nicht jeder Song, der Ihnen passend erscheint, ist es auch wirklich. Besonders wichtig ist die richtige Songauswahl, wenn Sie mit einer Kollegin (oder einem Kollegen) anbandeln wollen. Hier hilft ein Blick auf die ewige Rangliste

des miesesten Anbagger-Songs bei Betriebsfeiern. Auf Platz drei: *Ohne dich schlaf ich heut Nacht nicht ein* (Münchener Freiheit), knapp hinter *I Want Your Sex* (George Michael) und *Zehn nackte Frisösen* (Mickie Krause). Damit Sie in Zukunft nicht daneben liegen, haben wir ein paar typische Bürosituationen zusammengestellt mit den dazu passenden Songs.

BETRIEBSFEIER

- Bei der Rede des Chefs zu Beginn der Feier: *Wake Me Up Before You Go-Go* (Wham).

- Wenn eine Kollegin Sie verführen will, aber Sie viel zu besoffen sind, um noch Sex zu haben: *The Lion Sleeps Tonight* (The Tokens).

- Als ironischer Seitenhieb auf einen besoffenen Kollegen: *Aufrecht geh'n, aufrecht steh'n* (Mary Roos).

Übrigens: Bei einer Umfrage in einer großen deutschen Versicherung zum Thema: „Was wäre eine schöne Idee für die nächste Betriebsfeier?", antworteten 95% der männlichen Teilnehmer: „One Night In Bangkok" (Murray Head).

GEHALTSVERHANDLUNG

- Während der Verhandlung: *Poker Face* (Lady Gaga).

- Nach dem ersten Angebot des Chefs: *Do You Really Want To Hurt Me?* (Culture Club).

- Wenn der Chef bei seinem ersten Angebot bleibt: *Die Gefühle haben Schweigepflicht* (Andrea Berg) oder *Burning Down The House* (Talking Heads), je nach Temperament.

KUNDENGESPRÄCH

- Bei normalen Kunden: *Baby I'm Bored* (Evan Dando).

- Bei nervigen Kunden: *You Drive Me Crazy* (Fine Young Cannibals).

- Bei extrem nervigen Kunden: *I Want To Kill Somebody* (S*M*A*S*H).

MEETING

- Wenn der Chef wie immer hirn- und zusammenhangloses Zeug labert: *Es fährt ein Zug nach Nirgendwo* (Christian Anders) oder *Shut up* (Black Eyed Peas).

- Wenn am Ende des Meetings tatsächlich ein brauchbares Ergebnis steht: *Wunder gibt es immer wieder* (Katja Ebstein).

- Wenn der notgeile Kollege Sie unter dem Tisch betatscht: *Lass mein Knie, Joe* (Wencke Myhre, auf die Melodie von Bonnie Tylers *It's A Heartache*).

MOBBING

- Zum Kollegen, der Sie mobbt: *Du hast mich tausendmal belogen* (Andrea Berg).

- Als „Trost" für einen gemobbten Kollegen: *Take It Easy, altes Haus* (Truck Stop).

- Als zynischer Kommentar auf einen gemobbten Kollegen: *Einsamkeit hat viele Namen* (Christian Anders).

- Als zynischer Kommentar auf einen gemobbten Kollegen, der bald aus der Firma fliegen soll: *Flieg nicht so hoch, mein kleiner Freund* (Nicole).

UNTERNEHMENSBERATUNG

- Wenn die Berater durchs Büro streifen: *Somebody's Watching Me* (Rockwell).

- Wenn der Chef Ihnen die Konsequenzen verkünden muss: *Get A Job* (Gossip).

- Wenn Sie sich nach Ihrer Entlassung am Chef rächen wollen: *Right Between The Eyes* (Wax).

ZIGARETTENPAUSE

- Für die Zigarettenpause draußen im Regen: *Smoke On The Water* (Deep Purple) oder auch *Relight My Fire* (Dan Hartman).

- Für die Indoor-Zigarettenpause im winzigen Raucherraum: *In The Ghetto* (Elvis).

Letzte Worte

Kurz --- kurz --- lang --- lang --- kurz ---
laaaaaaaaaaaaaaaaaaaaaaaaaaang ...

SAMUEL F. MORSE, Erfinder des Morsetelegraphen (2. April 1872, als er einen Herzinfarkt in seinem Büro erlitt)

— — —

Es ist vollbracht! ... Gut, haben Sie das? Dann
schicken Sie das raus, und dann ab mit Ihnen in
die Pause. Ich hab hier noch zu arbeiten.

JESUS CHRISTUS (März 33, am Kreuz, zu Johannes, seinem Praktikanten und Verbreiter der Frohen Botschaft)

— — —

Ich sehe einen Tunnel ... und dahinter ... ja:
ein wunderschönes Licht! ... Moment mal – hier gibt es keine
vorschriftsmäßige Beschilderung! Und die von den Sicherheits-
bestimmungen für Tunnelanlagen in Paragraf vier bis neun
zwingend vorgeschriebenen Seitenbefestigungen und Notaus-
gänge fehlen auch! Außerdem ist diese Strecke im Bebauungsplan
überhaupt nicht als Verkehrsweg ausgewiesen. Da durchgehen?
Auf keinen Fall – ich bin doch nicht lebensmüde! Ich werde eine
Dienstaufsichtsbeschwerde gegen unbekannt einreichen.

Namenloser Mitarbeiter des Amts für öffentliche Ordnung (Sommer 2014 auf dem Sterbebett)

— — —

„Die Rückantwort lautet also: ‚Freuen uns' Unterzeichnet:
‚Der Stadtrat von Athen', CC an: Delphi, Heracleia, Knossos,
Korinth, Megara, Milet, Mykene, Sparta, Syrakus, Theben und
Thessaloniki. Klar, überbring ich. Ich mach mich sofort auf.“

PHEIDIPPIDES, griechischer Meldeläufer und Pionier der Bürokommunikation, der nach der Schlacht von Marathon 40 Kilometer gelaufen war, um die Nachricht „Wir haben gesiegt" zu überbringen (490 v.Chr., auf dem Marktplatz von Athen)

BLICK IN DIE ZUKUNFT

München, City: Im Großraumbüro der Capital Versicherungsgruppe herrscht gespenstische Stille. 25 Mitarbeiter liegen mit geschlossenen Augen in ihren Schlafsesseln. Auch wenn es nicht so aussieht: Hier wird hart gearbeitet. Büroleiterin Therese K.: „Seitdem wir das Brain-to-Cloud-Interface benutzen, geht es hier wesentlich ruhiger zu als früher." Das Brain-to-Cloud-Interface – auf den Markt gebracht 2045 vom Goopple Konzern unter der Federführung des per Klonung in die Vorstandsetage zurückgeholten Steve Jobs – ermöglicht dem Büroangestellten, nur mittels seiner Gedanken Mails zu verfassen, Telefonate zu führen oder Kaffee zu machen.

Therese K. zeigt auf einen der Angestellten: „Hier zum Beispiel ... das ist der Herr Wanninger. Der ist für die Kundenreklamationen zuständig. Früher hätte man neben ihm sein eigenes Wort nicht mehr verstanden. Und heute? Erholsame Ruhe. Natürlich kann ich mich jederzeit in sein Brain-Telefonat reinklinken, um zu prüfen, ob er seine Arbeit auch professionell erledigt." Therese K. drückt einen Knopf in der Lehne von Wanningers Schlafsessel. Ohrenbetäubendes Gebrüll erfüllt den Raum, einige Mitarbeiter zucken

zusammen. „DANN HÄTTEN SIE EBEN DAS KLEIN-
GEDRUCKTE LESEN MÜSSEN! JA, SIE MICH AUCH,
SIE VOLLPFOSTEN!"

Therese K. betätigt wieder den Knopf und betrachtet
zufrieden Wanninger. „Eine unserer besten Kräfte."
Dann nimmt sie ihm zaghaft seinen Daumen aus dem
Mund. „Klar, ein Fremder würde denken, dass die hier
alle schlafen, und zu Anfang der Testphase ist das
auch öfter passiert. Fräulein Gerhards zum Beispiel."
Die Büroleiterin deutet auf eine Mittzwanzigerin,
die es sich in einem rosa Frotteeschlafanzug bequem
gemacht hat. „Sie wünscht sich sehnlichst ein Baby.
Und träumt auch gerne schon mal davon. Das sorgte
natürlich bei einigen Kunden für Irritation, wenn sie
wegen eines Hagelschadens anriefen und dann eine
Frau in der Leitung hatten, die ihnen ihre geträumten
Presswehen entgegenschrie. Mittlerweile haben wir
das Problem aber im Griff."

Der Goopple Konzern hatte auf die Beschwerden
zahlreicher Kunden in Bezug auf schlafende Angestellte
mit einem Firmware-Update seines Brain-Interfa-
ces reagiert. In Abständen von 10 Minuten wird in
das Gehirn des Angestellten per Bluetooth 3 das
Geräusch einer altertümlich klappernden PC-Tatsta-
tur eingespielt. Eine Art Alarmsignal, mit dem jedes
Nickerchen zuverlässig verhindert wird.

„Ja", schließt Therese K. die Führung durch die
Büroräume, „die moderne Technik wird noch viel
verändern."

Ortswechsel: Liegenschaftsamt Lemgo. Von der
Ruhe, die in den Büros der Capital Versicherungs-

gruppe herrscht, ist hier wenig zu spüren – in Lemgo scheinen die Uhren noch anders zu gehen. Ulf Maier, Sachbearbeiter: „Es ist jetzt nicht so, dass wir hier bei der Stadtverwaltung auf den Einsatz von moderner Technik ganz verzichten müssten. Ganz bestimmt nicht. Demnächst bekommen wir zum Beispiel einen Locher. Das ist so ein Gerät, mit dem man Löcher in Dokumente stanzen kann, um diese dann bequem abzuheften. Das wird hier vieles erleichtern." Er schaut auf eine Mitarbeiterin, die gerade mit einer Nagelschere umständlich Löcher in ein Papier schneidet. „Okay, wir sind von der technischen Ausstattung vielleicht nicht ganz so weit wie die in der freien Wirtschaft, dafür sind wir an anderer Stelle entschieden fortschrittlicher."

Ulf Maier spielt auf die Genderisierung der Sprache in seiner Behörde an. „Als öffentliche Einrichtung müssen wir da mit gutem Beispiel vorangehen." Und räumt auch gleich einen Fehler ein. „Eigentlich hätte ich sagen sollen: Wir bekommen eine LocherIn, um

der maskulinen Wortendung -er einen femininen Gegenpol zu verleihen. Und damit macht man auch selbstverständlich keine Löcher, sondern LöcherInnen oder wahlweise Löch-er oder-sie."

Eine Mitarbeiterin spricht Maier an: „Kollege MaierIn, hatten Sie PapierIn und Ton-er oder-sie für die LaserInnen-DruckerInnen bestellt?" Maier nickt.

Dann fährt er fort: „Natürlich brachte die Einführung einer geschlechtsneutralen Behördensprache zu Anfang gewisse Schwierigkeiten mit sich. Nehmen Sie einen normalen Satz wie zum Beispiel: ‚Zum Ersatz des Aufwandes für die Erstellung und Erweiterung der Abwasseranlage wird ein Kanalbeitrag erhoben.' Da brauchen Sie eine Weile, bis Sie ihn korrekt genderisiert aussprechen können." Maier macht es vor: „Zum Er- oder Siesatz des Aufwandes für die Er- oder Siestellung und Er- oder Sieweiterung der Abwasser- oder Abwassieanlage wird ein Kanalbeitrag er- oder siehoben."

Um die Mitarbeiter und Mitarbeiterinnen der Stadtverwaltung mit den neuen Sprachregelungen schneller vertraut zu machen, bietet die Stadt Lemgo Sprachkurse an. Maier: „Die sind sehr beliebt, und jeder versucht noch schnell, einen Platz in so einem Kurs zu belegen, denn lange wird es sie nicht mehr geben."

Auf die Frage, warum die Kurse eingestellt werden sollen, antwortet Maier in fast perfekt genderisiertem Deutsch: „Die Stadt muss sparen. Man dreht uns das Geldhuhn zu."

Unsere Autoren sind ausgewiesene Experten auf dem Gebiet der Büroarbeit und konnten während ihrer jahrelangen Praxis zahlreiche Preise und Auszeichnungen erlangen. So waren sie u.a. Kreismeister-Nordrhein im Moorhuhn-Schießen *(1999), Deutsche Meister im* Papierkorb-Basketball *(2002) und* Europameister im Münz-Schnippen *(2004). Außerdem halten sie – mit 68,3 Arbeitstagen ohne Unterbrechung – den aktuellen Weltrekord im* Kollegenmobbing *(Freestyle), aufgestellt von März bis Mai 2010 im Hauptgebäude der HDR-Versicherung Itzehoe mit W. Jensen (Opfer).*

Für Furore sorgten unsere drei professionellen Humoristen mit der Erfindung eines Bürowitzklassikers, als sie während einer Betriebsfeier nacheinander Fotokopien ihrer nackten, behaarten Hinterteile machten und diese anschließend unter der Rubrik: „Verloren – Gefunden" ans Schwarze Brett hängten (gemeint sind die Fotokopien). Durch den weltweiten Erfolg beflügelt, erwarben sie die Patente für zahllose weitere Witzklassiker, u.a. für „Dem-Kollegen-Salz-in-den-Kaffee-tun", „Den-Auffangbehälter-des-Lochers-locker-machen" und „Die-Klinke-der-Bürotür-mit-Kettenfett-bestreichen".

▮▮▮ TEXTE ▮▮▮▮▮▮▮▮▮▮▮▮

PETER GITZINGER, LINUS HÖKE und
ROGER SCHMELZER sind seit vielen Jahren als
Autoren für zahlreiche Comedyshows im deutschen
Fernsehen tätig. Neben Drehbüchern verfassen sie
Theaterstücke und arbeiten für etablierte Kabarettbühnen
wie *Die Stachelschweine* und *Die Distel* in Berlin. Linus
Höke ist zudem der Verfasser des Bestsellers *Shades of hä?.*
Alle drei Autoren leben in und um Köln herum.

▮▮▮ ILLUSTRATIONEN ▮▮▮

ARI PLIKAT, geboren 1958 in Lüdenscheid. Lebt
in Dortmund, zeichnet Illustrationen, Cartoons und
komische Bilder, die in vielen Zeitungen und Zeitschriften
zu sehen sind. Bei Lappan ist zuletzt sein Buch *Ich rieche
Angstschweiß* erschienen.
www.ariplikat.de

Das für dieses Buch verwendete Papier aus geprüfter nachhaltiger
Forstwirtschaft lieferte Salzer Papier, St. Pölten.

© Lappan Verlag GmbH, Oldenburg 2014
ISBN 978-3-8303-4329-5

Herstellung | Gestaltung: Monika Swirski
Druck und Bindung: Druckerei Theiss GmbH
Printed in Austria

www.lappan.de